U0168930

变电站设备
连续雷击风险和
保护配置优化

李　谦　王增彬　韩永霞
赵晓凤　宋坤宇　魏俊涛　编著

中国电力出版社
CHINA ELECTRIC POWER PRESS

内 容 提 要

多回击地闪是自然界的普遍现象，对于电力设备的防雷性能来说，又可以定义为连续雷击（也称"多重雷击"），连续雷击对变电站设备的风险则是近年才开始关注的新课题，现有的变电站雷电过电压保护配置基于单次雷击而制定，没有考虑连续雷击因素，因而，了解连续雷击特征参数和雷电流波形，变电站的连续雷击风险等级，以及变电站连续雷击高风险设备在连续雷击下过电压和能量吸收特性，对于连续雷击高风险地区的雷电过电压保护配置的优化具有指导意义，同时也丰富了变电站雷电防护的内涵。

本书是广东电网有限责任公司电力科学研究院近年来开展连续雷击对变电站设备运行风险和防护措施的工作经验总结，共分为 6 章，结合有代表性的连续雷击案例分析，主要涉及连续雷击与变电站设备风险、连续雷击电流波形和参数、变电站设备连续雷击风险分析、变电站设备连续雷击侵入波防护、变电站连续雷击灾害定级、变电站连续雷击保护配置优化等新内容。

本书以有代表性的现场故障案例分析为特色，理论与实际结合紧密，图文并茂，具有较强的实操性，是国内介绍雷电过电压分析方面较为贴近生产实际的科技图书。

本书主要面向电力行业基层专业技术人员，可供过电压和绝缘配合专业技术人员开展过电压仿真计算分析工作参考，也可作高等院校电气类专业的参考书。

图书在版编目（CIP）数据

变电站设备连续雷击风险和保护配置优化 / 李谦等编著. —北京：中国电力出版社，2024.1
ISBN 978-7-5198-8225-9

Ⅰ.①变… Ⅱ.①李… Ⅲ.①变电所—电气设备—防雷②变电所—电气设备—优化配置 Ⅳ.① TM63

中国国家版本馆 CIP 数据核字（2023）第 198414 号

出版发行：中国电力出版社
地　　址：北京市东城区北京站西街 19 号（邮政编码 100005）
网　　址：http://www.cepp.sgcc.com.cn
责任编辑：畅　舒（010-63412312）
责任校对：黄　蓓　王海南
装帧设计：王英磊
责任印制：吴　迪

印　　刷：固安县铭成印刷有限公司
版　　次：2024 年 1 月第一版
印　　次：2024 年 1 月北京第一次印刷
开　　本：787 毫米 × 1092 毫米　16 开本
印　　张：16.75
字　　数：290 千字
印　　数：0001—1000 册
定　　价：85.00 元

版 权 专 有　侵 权 必 究

本书如有印装质量问题，我社营销中心负责退换多回击地闪是自然界的普遍现象，对于电力设备的防雷性能来说，又可以定义为连续雷击（也称多重雷击），连续雷击对变电站设备的风险则是近年才开始关注的新课题，如线路侧断路器断口在连续雷击的短时间间隔内绝缘强度降低引发灭弧室电弧重燃，线路侧避雷器短时间内吸收较多雷电能量引发快速劣化而导致在后续系统运行电压下发生热崩溃，变电站内线圈类设备还可能因为连续雷击的后续回击较陡波形而加大匝间绝缘过电压风险，此外，连续雷击累积效应还可能引起变电站设备绝缘强度下降甚至击穿风险。现有的变电站雷电过电压保护配置基于单次雷击而制定，没有考虑连续雷击因素，因而，了解连续雷击特征参数和雷电流波形，变电站的连续雷击风险等级，以及变电站连续雷击高风险设备在连续雷击下过电压和能量吸收特性，对于连续雷击高风险地区的雷电过电压保护配置的优化具有指导意义，同时也丰富了变电站雷电防护的内涵。

变电站连续雷击风险设备主要是线路侧断路器和线路侧避雷器，线路侧断路器断口在连续雷击的短时间间隔内绝缘强度降低引发重燃，线路侧避雷器短时间内吸收较多雷电能量引发快速劣化而导致在后续系统运行电压下发生热崩溃，对于线路侧断路器没有动作的情形，连续雷击侵入波也可能对变电站内线圈类设备的匝间绝缘带来风险，对电网运行的影响较大，而目前的变电站绝缘配合主要基于单次雷击过程对变电站设备进行防雷校核不适合连续雷击的情况，对多次雷击的处理则是考虑间隔一定时间后再次雷击，此时设备已恢复到正常的绝缘性能，等同于多次独立的单次雷击，并没有反映连续雷击对设备的影响特点，连续雷击的雷电侵入波加大变电站线路侧断路器和线路避雷器的运行风险，需要探讨变电站设备连续雷击下保护配置的优化和提高线路侧避雷器在连续雷击工况下能量吸收能力的配置。

为解决连续雷击对变电站设备带来的运行高风险的问题，广东电网有限责任公司电力科学研究院近年来开展连续雷击对变电站设备运行风险和防护措施专项研究工作，获取了连续雷击的主要特征参数，基于典型故障案例，采用试验和数值仿真方法，得到连续雷击下的过电压和风险设备的耐受水平，有针对性地提出针对性措施，为连续雷击故障分析、反措制订和绝缘配合优化校核等提供了有力的技术支持。

本书共分为6章，结合有代表性的连续雷击案例分析，主要涉及连续雷击与变电站设备风险、连续雷击电流波形和参数、变电站设备连续雷击风险分析、变电站设备连续雷击侵入波防护、变电站连续雷击灾害定级、变电站连续雷击保护配置优化等新内容。第1章先介绍连续雷击及其对变电站设备的风险；第2章基于雷电定位系统十余年的地闪数据、人工引雷试验结果以及有代表性的连续雷击故障的雷击数据统计分析，总结出连续雷击的回击频次、时间间隔、雷电流幅值等特征参数，建立连续雷击雷电流模型，明确连续雷击的雷电流参数特征以及雷电侵入波特征，为输电线路连续雷击耐受性能分析、线路侧断路器连续雷击耐受特性分析和线路侧避雷器能量耐受能力校核，以及变电站连续雷击防护优化等提供基础输入参数；第3章针对典型线路侧断路器、线路侧避雷器和变压器匝间绝缘故障案例，仿真计算连续雷击条件下断路器断口过电压水平和避雷器吸收的能量，分析连续雷击作用机理和规律，得出连续雷击的防护目标；第4章提出提高连续雷击侵入波条件下变电站设备保护水平的具体措施，通过控制线路侧避雷器安装距离和基于伏安特性分段思想的低残压避雷器提高线路侧断路器连续雷击保护水平的思路，线路侧避雷器则通过分布式多只避雷器的方式，对连续雷击侵入波能量分散吸收，以减轻每只避雷器的负担，可提高线路侧避雷器在连续雷击过程中的安全运行水平；第5章基于连续雷击风险设备，采用设备类型、电压等级、地闪密度、线路雷击跳闸率、线路长度、设备绝缘配合配置水平、变电站（及设备）和线路重要性，以及是否发生过连续雷击相关故障或连续雷击引起设备故障率等多维度评价思想进行综合评估，分别将设备灾害等级和连续雷击灾害等级分为低风险和高风险两个等级，提出变电站设备连续雷击灾害定级指引，指导绝缘配合优化配置工作的实施；第6章提出针对于 220 kV 线路侧断路器、500 kV 线路侧避雷器和 110 kV 线圈类设备等高风险设备的基于连续雷击危害的变电站设备保护优化策略，确定对不同设备连续雷击风险的保护配置优化策略的着眼点。

本书以有代表性的现场故障案例分析作为特色，理论与实际结合紧密，图文并茂，具有较强的实操性，是国内介绍雷电过电压分析方面较为贴近生产实际的科技图书。

本书由广东电网有限责任公司电力科学研究院编著，李谦教授级高级工程师完成前言和第 1 章的编写并参与其余章节的编写，韩永霞教授完成第 2 章的编写，王增彬教授级高级工程师完成第 3 章的编写，赵晓凤工程师完成第 4 章的编写，宋坤宇工程师完成第 5 章的编写，魏俊涛工程师完成第 6 章的编写。

本书的编写得到了华中科技大学林福昌教授、李化教授、江宇栋博士，华南理工大学韩永霞教授、廖志铭博士和武汉大学蔡力教授等的大力支持，广西电网有限责任公司电力科学研究院、云南电网有限责任公司电力科学研究院、南方电网科学研究院提供了部分案例和分析，还有很多同行为本书的编写提供了资料和意见，对他们的贡献，编著者表示由衷的感谢。

本书历时两年完成，期间得到了家人的大力支持和理解，谨以本书的出版回报他们的关爱和付出。

由于编著者水平有限，难免有不足和错误之处，恳请读者批评指正。

编著者

2023 年 10 月

第1章
连续雷击与变电站设备风险

1.1 连续雷击

雷击是输变电设备的主要风险源之一，雷电防护是电力系统数十年来一直持续研究的课题。

地闪属于自然界的长空气间隙放电，先导放电和主放电是地闪的基本过程。先导放电通道形成并发展到临近地面时，局部空间的电场强度急剧增加，通常在地面的突起处形成异种电荷的先导放电向天空发展的迎面先导，与先导通道相遇后，将形成一条主放电通道。主放电一般持续50~100 μs的极短时间，放电电流较大，一般能够达到数千安，甚至可达200 kA以上的水平。

模拟雷电波形是一种非周期瞬态波，通常很快上升到峰值，然后缓慢地下降到零，一般记作 T_1/T_2（μs），T_1 为视在波前时间，T_2 为视在半峰值时间，如图1-1所示。

雷云往往有多个电荷中心，因而地闪大多为由主放电和后续多个回击组成的多

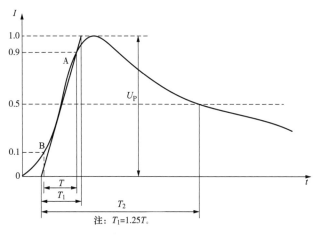

注：$T_1 = 1.25T$。

图 1-1　模拟雷电波形

回击地闪过程，回击间隔时间为100 ms量级；由于主放电通道电导率很高，而后续回击很短的时间间隔内，主放电通道来不及去游离，其他电荷中心将沿着已有的主放电通道对地放电，一般情况下会共用同一个放电通道，雷击位置重合的概率较高；共用放电通道后，后续回击的放电发展过程更短，后续回击雷电流的波头时间一般较主放电（首次回击）更短。

另外，为了维持主放电通道的游离状态，主放电回击过程之后往往伴随着连续电流过程，如图1-2所示，回击放电通道内仍然存在着几百安，甚至千安量级的电流，持续时间从数十到数百毫秒。

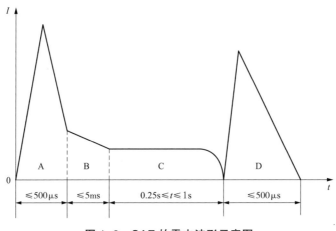

图 1-2　SAE 的雷击波形示意图

国际标准SAE ARP5412B—2013 *Aircraft Lightning Environment and Related Test Waveforms*对直接雷击试验环境及模型波形进行了规定，在雷击直接效应部分，人工模拟雷击试验的雷电流包含四个阶段的A、B、C、D四个分量的组合波形，如图1-2所示：A为初始冲击，首次模拟冲击（即主放电）；B为中间电流，一种指数逐渐衰减的波形；C为连续电流，一种持续时间长、电流幅度低（数十安到数百安）、电荷转移大的直流电流；D为再次冲击，一次后续的模拟冲击（即后续回击）。

1999年版的IEC 60794-4-1 *Optical Fibre Cables-Part4-1：Aerial Optical Cables for High-voltage Power Lines*中，按照美国军用航空规范，考虑多重回击的雷电流波形模拟也考虑了上述类似的四部分。

目前电力行业标准DL/T 832—2016《光纤复合架空地线》中，关于雷击地线的电流波形采用的SAE ARP5412B—2013 *Aircraft Lightning Environment and Related Test Waveforms* 标准推荐的C波形。

综上所述，自然界中的多回击地闪包括两种最基本的雷电流形式，即脉冲冲击电流和长时连续电流。前者特点是电流峰值大（约为数十到数百千安），但持续时间短（约为数十到数百微秒）；在两次回击之间，处于导通状态的雷电通道大致维持幅值较低（约为数百安）的直流电流，其持续时间长（约为数十毫秒），甚至达数百毫秒。

IEC 62305-1.Ed.1 *Protection Against Lightning Part1: General Principles* 标准中定义了多回击地闪的概念：雷击闪电持续平均为3~4次回击，典型的时间间隔为50 ms（偶然地可达数十次冲击，其中时间间隔据已有报告可从10~250 ms）。

南方电网科学研究院廖民传等对南方电网范围内75条输电线路沿线的12763次落雷进行统计，得出连续雷击的基本参数为：连续雷击中各单次雷击时间间隔按不超过0.1 s考虑，连续雷击频次绝大部分为2~6次，连续雷击的雷电流一般为负极性且幅值范围取5~50 kA。

南方电网超高压输电公司梧州局的宋永佳等指出连续雷击每次放电时间间隔为0.6~800 ms，连续两次雷击的平均时间为30 ms，连续雷击放电数目平均为2~3个。

依据IEC 62858：2019 *Lightning Density Based on Lightning Location Systems (LLS)-General Principles* 对雷击的划分，多回击地闪的概念如下：

（1）与首次回击的间隔时间小于等于1 s。

（2）与前一雷击的间隔时间小于等于500 ms。

（3）根据雷电定位系统中的定位，与首次回击位置的距离小于等于10 km。

结合变电站设备（主要是线路侧断路器、线路侧避雷器和线圈类设备）故障中多回击地闪形成连续雷电侵入波造成危害的风险特征，有针对地定义变电站设备连续雷击的概念，即在上述多回击地闪的三个条件下，针对所关注的变电站设备在多回击地闪下的故障特点（线路侧断路器断口绝缘和避雷器热应力耐受）进行进一步的具体化。

1.2 连续雷击形成的变电站雷电侵入波

连续雷击击中导线或者塔顶（避雷线）后，将形成沿着导线向两侧变电站（或

**变电站设备连续雷击风险
和保护配置优化**

发电厂）的连续雷击侵入波。

雷电侵入波的形成有直击和绕击两种方式，前者为雷直击杆塔塔顶或塔顶避雷线，雷电流超过杆塔耐雷水平而引起线路绝缘子闪络的同时，形成沿着导线向两侧变电站或发电厂传播的雷电侵入波；后者为因避雷线存在一定的失效概率，雷电绕击导线后，雷电流亦沿导线向两侧变电站或发电厂传播而形成的雷电侵入波。

根据南方电网雷电活动较为强烈地区架空输电线路防雷运行统计，2012～2022年南方电网 110 kV 及以上线路雷击跳闸率如图 1-3 所示，雷电反击、绕击跳闸比例见表 1-1。

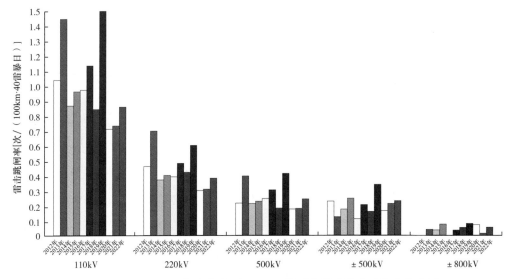

图 1-3　2012~2022 年南方电网 110 kV 及以上线路雷击跳闸率分布图

表 1-1　输电线路雷电反击和绕击跳闸比例

电压等级（kV）	110	220	500	±500	±800
反击比例（%）	50	30	10	10	5
绕击比例（%）	50	70	90	90	95

110 kV 线路雷电反击、绕击跳闸比例均在 50% 左右，即 110 kV 线路雷击反击、绕击差别不大。220 kV 线路雷电反击跳闸比例在 30% 左右，绕击跳闸比例在 70% 左右，220 kV 线路雷击以绕击为主。500 kV 线路雷电反击跳闸比例在 10% 左右，而 90% 以上跳闸原因为绕击，500 kV 杆塔设计的避雷线一方面保护角很小，另一方

004

面绝缘子串的绝缘强度大，基本上能够耐受较高水平雷电流直击所引起的塔顶电位升高带来的反击，因此500 kV线路雷击以绕击为主。

相对于雷云而言，变电站可视为点状分布，输电线路则可视为线状分布，遭受雷电直击的概率要大得多，因此，沿变电站出线线路的雷电侵入波防护成为变电站设备雷电防护的重点。

1.3 变电站雷电侵入波防护

我国南方地区的雷电活动强度和输电线路遭受落雷概率常年居高不下，相应地，随着对雷电认识的深入，变电站雷电侵入波过电压保护配置经历了逐步完善的过程。

为了避免线路侧断路器在热备用工况下断口遭受雷电侵入波反射而损坏，变电站防雷从最初的母线和变压器各侧安装避雷器，进一步要求有热备用运行要求的线路侧断路器需安装线路侧避雷器。

在运行中发现，对雷电活动较为强烈的地区，存在非热备用线路侧断路器在切除雷击闪络接地故障后，在实现重合闸的一段短时间内（相当于断路器热备用），线路再次遭受落雷形成雷电侵入波在断路器断口处全反射，引起多起线路侧断路器断口重燃故障的案例，为此，南方一些省区的电网从2010年起，陆续将所有110 kV及以上输电线路线路侧加装线路侧避雷器，在线路防雷实践中取得较好的效果。目前，南方电网的变电站过电压保护典型设计要求所有出线均需安装避雷器保护（需要指出的是，仍有部分单位在选型时选择带串联间隙的线路型避雷器，实践中显示在线路侧断路器雷电侵入波防护方面失效，应予纠正）。

对于变电站的雷电侵入波防护，根据GB/T 50064—2014《交流电气装置的过电压保护和绝缘配合设计规范》，现行的110~500 kV变电站线路侧过电压典型保护配置如图1-4所示，主要考虑雷电侵入波过电压对变电站线路侧断路器断口的危害。因此，现行的110~500 kV变电站线路侧的绝缘配合的校核，主要考虑线路侧避雷器标称放电电流下的残压与线路侧断路器断口的雷电冲击耐受水平相配合，并有一定的裕度。

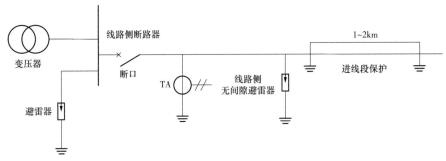

图1-4　110~500 kV变电站线路侧过电压保护典型配置

根据GB/T 50064—2014和GB/T 11022—2020《高压交流开关设备和控制设备标准的共用技术要求》，典型地，110、220 kV和500 kV线路侧断路器断口的雷电冲击耐受电压为（550+103）、（1050+206）kV和（1675+315）kV，加号后面的数据为考虑线路侧断路器断口另外一侧承受系统电压，如果故障瞬间刚好系统母线电压处于反向半波的峰值附近，此时的断口电压将取到最大值。

为满足与线路侧断路器断口雷电冲击耐受水平的绝缘配合，典型地，南方电网110、220 kV和500 kV线路侧无间隙金属氧化物避雷器的雷电冲击标称放电电流（110 kV和220 kV为10 kA，500 kV为20 kA）下的残压（峰值）分别取281、532 kV和1106 kV，相应地，额定电压分别为108、204 kV和444 kV。

1.4　变电站设备的连续雷击风险

1.4.1　变电站连续雷击风险设备

变电站雷电侵入波的第一道防线是线路侧避雷器，同时，线路避雷器侧也并联有断路器和电流互感器等，受到了雷电过电压的直接威胁。

现有的输变电设备绝缘配合设计和校核一般基于单次雷电流冲击，而自然界的雷击多为连续雷击。近年来，连续雷击引起线路侧断路器断口击穿重燃、线路侧避雷器及电流互感器损坏的故障有上升趋势，因此连续雷击给变电站的雷电侵入波过电压保护配置带来了新问题。

1.4.2　线路侧断路器

连续雷击中的首次雷击或前续回击如果引起线路绝缘子闪络并引起变电站内断

路器跳闸，后续回击在 100 ms 左右到达时，断口灭弧室的 SF_6 气体介质绝缘强度可能还没完全恢复，且在后续回击的侵入波经断口全反射后形成过电压下，断口击穿重燃的风险更高。此时，需要确保断路器断口处的过电压水平足够低且相对断口的弧后 SF_6 气体介质绝缘恢复强度有一定的裕度，对避雷器的保护水平及安装距离提出了更高的要求。这个问题在 220 kV 变电站的线路侧断路器上较为突出，近十年我国南方地区已发生 10 起 220 kV 断路器断口击穿故障，对电网运行的影响较大。

总体上来讲，变电站内断路器断口击穿的原因有两个方面：

（1）线路侧避雷器选型不当，在雷电侵入波下不能正确动作以保护断路器断口。

（2）连续雷击工况下，首次回击或前续回击引起断路器开断后，后续回击时断路器内气体绝缘强度尚未完全恢复，可能引起断口再次击穿。

⚡ 1.4.3　线路侧避雷器

避雷器限制雷电侵入波过电压的原理是以内部电阻片吸收过电压能量为代价的，相应地，其损坏机理主要是热崩溃。正常运行时，流过避雷器的阻性有功电流一般为微安级，虽引起一定的温升，但发热和散热处于热平衡；在过电压下，避雷器将流过较大电流并以热量的形式吸收注入的过电压能量，可能短时间内电阻片温升较高而引发劣化，主要反映在小电流段的伏安特性下移，即同样端部电压下泄漏电流显著增大，在后续线路侧断路器重合闸或者线路强送过程中或者之后，在运行电压下将出现发热—伏安特性下移（劣化）—泄漏电流增大—温度再升高—进一步劣化的恶性循环，热平衡遭到破坏，最终导致避雷器热崩溃，引发事故。

在连续雷击的短暂过程中（多在 1 s 以内），避雷器内部的散热可忽略，可视为一个绝热系统，如果连续雷击的电流幅值较高，避雷器短时间内累计吸收的多次回击雷电冲击能量，温升较高，且线路断路器跳闸后，后续回击侵入波在断口处形成全反射，加重了避雷器能量吸收负担，同时较高的电流上升陡度也可能对电阻片侧面绝缘产生不利影响，在连续雷击过程后易形成不可逆的加速劣化过程，在后续的运行电压下发生热崩溃，这个问题尤以 500 kV 线路侧避雷器最为突出。

GB/T 11032—2020《交流无间隙金属氧化物避雷器》给出 500 kV 无间隙避雷器

能量吸收能力（或称通流容量）的要求，重复转移电荷试验的电荷值为3.2 C，换算到2 ms方波电流值为1600 A，但没有考虑到短时间内连续雷击的严苛工况，评价方法不科学导致基于单次雷击能量吸收能力校核制造的避雷器在连续雷击下能量吸收能力可能存在不足，运行中存在较高的安全隐患。近几年南方地区已发生6起500 kV线路侧避雷器在连续雷击短时间内吸收较多能量，在连续雷击过程结束的数分钟到数十分钟后在运行电压下爆炸的事故，国内其他地区也有类似的故障报道，这个问题已引起越来越多的关注，连续雷击下避雷器劣化及防护技术研究成为一个新课题。

1.4.4　线圈类设备

对于连续雷击过程未引起线路绝缘子闪络，或闪络但未形成稳定工频电弧，线路断路器未跳闸的情形，连续雷击侵入波侵入变电站，后续回击侵入波的波头更陡，可能加大线圈类设备匝间绝缘风险，也可能因连续雷击的累积效应引发固体、液体或者复合绝缘强度下降甚至击穿风险，南方地区已发生4起与连续雷击时间上强相关的110 kV变压器高压线圈匝间绝缘故障。

此外，线路防污调爬等因素也在提高线路绝缘水平的同时，雷电侵入波幅值相应提高，在一定程度上增加了雷电侵入波的风险。

1.4.5　风险分析

目前，国内外的变电站绝缘配合主要基于单次雷击过程对变电站设备进行防雷校核，对多次雷击的处理则是考虑间隔一定时间后再次雷击，此时设备已恢复到正常的绝缘性能，等同于多个独立的单次雷击，并没有反映连续雷击对设备的影响特点。因此，在变电站的防雷设计上，主要依据规程和经验方法来配置进线段保护，以及线路侧避雷器和断路器参数，对1 s内短时间连续雷击下电气设备的性能研究开展得很少，在绝缘配合方面更没有得到反映，连续雷击的雷电侵入波加大变电站线路侧断路器和线路避雷器的运行风险，已经成为越来越受到重视的新问题。

评估连续雷击对线路侧断路器和线路侧避雷器的影响，需要基于连续雷击的特征参数，考虑输电线路电晕特性以及行波传输特性，得到连续雷击绕击导线后，断路器的断口过电压和避雷器上所吸收的能量，研究连续雷击工况下变电站线路侧断路器的耐受特性和线路侧避雷器的劣化特性，对连续雷击下避雷器与断路器的影响程度进行评估。

在此基础上，探讨线路侧断路器在连续雷击严苛工况下的性能要求、试验标准和过电压保护方案的提升，以及提高线路侧避雷器热应力耐受措施和高能量吸收避雷器的配置。

近年来，电力系统差异化技术逐渐兴起，差异化防雷技术等已得到应用，但在差异化防雷保护配置方面研究较少，亟须研究高风险地区变电站雷电侵入波防护优化策略，同时兼顾经济性和科学性，制定新建和改造变电站绝缘配合优化指引。

1.5 本章小结

（1）沿线路的雷电侵入波是变电站设备的主要雷击风险源，雷电侵入波防护成为变电站设备雷电防护的重点，高风险设备主要是线路侧断路器、线路侧避雷器和线圈类设备等。

（2）自然界雷击地闪多为主放电和后续多个回击组成的多回击地闪过程，根据IEC 62858：2019 *Lightning Density Based on Lightning Location Systems（LLS）- General Principles* 对雷击的划分，结合多回击地闪形成雷电侵入波造成设备危害的特征，定义连续雷击为回击间隔时间为100 ms量级的多重雷击，后续回击雷电流的波头时间一般较主放电（首次回击）更短，两次回击之间存在长时连续电流。

（3）连续雷击击中导线或塔顶后，将形成沿着导线向两侧变电站或发电厂的连续雷击侵入波，其中，500 kV变电站的绕击侵入波占绝大多数，220 kV变电站雷电侵入波以绕击线路为主，110 kV变电站雷击反击和绕击雷电侵入波比例相当。

（4）连续雷击工况下，前序雷击引起断路器开断后，后续雷击侵入波下断路器内气体绝缘强度尚未完全恢复，可能存在断口再次击穿；线路侧避雷器可能在连续雷击的短暂时间内吸收较多能量而出现快速劣化，导致在后面的运行电压下出现热崩溃；后续回击波头更陡，时间更短，雷电侵入波可能带来线圈类设备匝间绝缘更高的运行风险。

（5）现有的输变电设备绝缘配合设计和校核一般基于单次雷电流冲击进行，连续雷击给变电站的雷电侵入波过电压保护配置带来了新问题，亟须研究连续雷击侵入波防护优化策略。

第2章
连续雷击电流波形和参数

2.1　统计数据来源

2.1.1　广东省雷电定位系统数据库

广东省雷电定位系统于1999年建成投运，2010年6月实现南网5省（区）雷电定位系统联网，目前已形成包括18个雷电方向时差探测站、1个中心站、29个雷电显示专线终端的规模，在电力系统雷击故障点查找、雷害事故分析、雷电参数统计等方面得到了广泛应用。

2003年，为扩大雷电资料的应用范围而进行了雷电信息网络系统的技术改造。2010年9月，雷电定位中心站搬迁至远程诊断中心站。2017年开始开展雷电定位系统的数字化升级改造工作，以进一步提升落雷探测距离精度和雷电探测效率。

我国第三代技术的新一代雷电定位系统于2016年更新使用，采用多站同步数字式雷电信号探测、系统智能识别以及基于企业信息服务总线构架的雷电多信息处理平台和多信息展示系统等关键技术，突破了现行雷电定位系统存在同收率低的瓶颈，全面提升现有雷电定位系统的应用功能和整体探测效率、定位精度等性能指标，实现高效率、高精度、多参量雷电监测，适应电网雷电监测与防护的发展和需求。

雷电定位系统由探测站、数据处理及系统控制中心、用户工作站或雷电信息系统三部分构成。探测站由电磁场天线、雷电波形识别及处理单元、高精度晶振及GPS时钟单元、通信、电源及保护单元构成，它测定地闪波的特征量并输出每次雷击达到的时间、方向、相对信号强度等，并将原始测量数据（见图2-1）实时发送中心站。

时间	微秒	纬度	经度	电流	回击	定位站数
2015-11-08 04:35:44	7913209	24	111	-28	1	10
2015-11-08 04:36:00	8941844	24	111	26	1	2
2015-11-08 04:36:22	9944519	24	111	-50	2	13
2015-11-08 04:36:23	4796286	25	110	-29	1	2
2015-11-08 04:36:23	8213122	24	111	-21	-1	5
2015-11-08 04:36:27	4842296	24	111	-28	1	2
2015-11-08 04:36:27	7605633	24	111	21	1	2
2015-11-08 04:36:35	1700654	24	111	-22	4	6
2015-11-08 04:36:35	3296255	24	111	-42	-1	11
2015-11-08 04:36:35	6374415	24	111	-21	-2	5
2015-11-08 04:36:35	7426875	24	111	-16	-3	5
2015-11-08 04:36:36	255739	23	116	20	1	2
2015-11-08 04:36:37	4335590	23	111	-14	1	2
2015-11-08 04:37:20	888168	24	111	-63	7	15
2015-11-08 04:37:20	1713894	24	111	-75	-1	14
2015-11-08 04:37:20	3362075	24	111	-32	-2	11
2015-11-08 04:37:20	4581271	24	111	-46	-3	9
2015-11-08 04:37:20	5420752	24	111	-17	-4	2

图 2-1　雷电定位系统原始数据

　　雷电定位系统的地闪定位是采用多个探测站同时测量雷电 LF/VLF 电磁辐射场并剔除云闪信号后实现。探测站的宽频（1 kHz~1 MHz）天线系统和专门设计的电子电路，识别地闪信号并采样每次地闪雷击波的幅值，使测量值对应雷击波形成的开始部分，即对应相当垂直的雷击通道的较低部分，这时相应的电离层折反射、通道的水平分支的影响最小，在理论和技术上保证测量雷击点和雷电流幅值的准确性。可见，探测站数是决定雷电定位系统数据精度的关键，经与雷电定位系统开发方沟通，统计 5 个及以上探测站同时获得的数据，精度较高。

　　因此，为保证连续雷击特征参数的可靠性，对雷电定位系统中的原始雷电数据的筛选，是基于 5 个及以上探测站数的雷电数据进行的。

⚡ 2.1.2　人工引雷试验数据

　　人工引雷指的是雷暴环境下利用一定的装置和设施，人为地在某一指定地点触发的闪电。火箭—导线技术是其中典型的一种，通过向雷暴云发射尾部拖一细长导线（一般采用直径为 0.2 mm 的细钢丝或铜丝）的小型火箭快速牵引或伸长导线来触发闪电而实现人工引雷。

　　考虑到人工引雷过程中先导放电发展不充分，不能真实地反映主放电（首次回

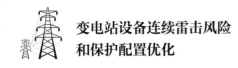

击）过程，因此，人工引雷试验主要期望获取后续回击过程的雷电流信息。

位于广州市从化区的中国气象局雷电野外科学试验基地，始建于2005年，占地60亩，2018年入选中国气象局首批野外科学试验基地。从化引雷基地是以火箭引雷为试验手段来从事雷电观测和大气物理学研究的专业研究平台，在试验场地建设了发射控制室、发电机房、自动气象站、高压输电试验线路、低压供电试验线路、风力发电机试验模型、电流直接测量系统、电磁场近距离测量系统等试验设施。

通过与火箭金属线连接的引流杆接地回路上的同轴分流器和光电转换系统直接测量人工引雷电流。在距离发射场约1.9 km的位置建设了人工引雷光学观测点，架设有雷电的光、电、磁以及高速摄像综合观测设备，形成了雷电物理过程精细化综合观测和雷电防护测试野外试验应用平台。

在人工引雷历史数据统计中，数据来源为广东省气象局于2008~2014年间在从化引雷场的106次回击，全部为负极性。

为了有针对性地观测连续雷击的特征，依托上述人工引雷试验平台的试验条件，于2021年继续利用人工引雷试验平台，获取人工触发地闪过程中后续回击的雷电流波形和参数信息。同时，通过将雷电流引入到模拟架空线路来分析雷电侵入波在线路中传播过程中的电压和电流分布特性。

⚡ 2.1.3 连续雷击引起的变电站设备故障数据统计分析

雷电侵入波引发线路侧断路器断口绝缘击穿故障较为常见，在2010年南方地区实施变电站安装线路侧避雷器反措之后，发生十多起与连续雷击时间上强相关的线路侧断路器和电流互感器（TA）故障，表2-1所示为雷电信息较为完整且有代表性的9起线路侧断路器故障案例，除了1起500 kV线路侧断路器外，其余8起均为220 kV线路侧断路器。此外，还有1起110 kV线路侧断路器的TA主绝缘故障，因断路器处于热备用状态，雷电侵入波在断路器断口全反射形成的过电压也施加在安装在断口靠线路侧的TA上面，因此，也归到这一类型的故障中。

另外，我国南方地区发生了多起与连续雷击时间上强相关的线路侧避雷器故障，表2-1列举有代表性的线路侧避雷器故障7起，其中，除了1起500 kV高抗中性点避雷器（110 kV等级电站型无间隙金属氧化物）外，其余均为500 kV线路侧无间隙避雷器。

如果线路侧断路器没有动作，雷电侵入波将侵入变电站，引发变电站内变压器匝间绝缘故障，表2-1列举有代表性的变压器匝间绝缘故障2起，既有匝间绝缘水平下降的老旧弱绝缘变压器（如110 kV变电站16的1号主变压器），也有运行年限不久的变压器（如110 kV变电站17的2号主变压器）。由于连续雷击的后续回击波形更陡，匝间绝缘损坏的风险更高，可能带来固体、液体或者固液复合绝缘击穿的累积效应，成为一个值得关注和进一步研究的新问题。

表 2-1 雷电数据完整的连续雷击引起变电站内相关设备故障的案例

故障点	故障情况
线路侧断路器	
2013年，500 kV变电站1的220 kV线路1线路侧断路器B相	220 kV线路1的13号杆塔附近遭遇连续雷击后发生B相接地故障，第一次雷击与断路器跳闸时间一致，雷电流幅值−171.3 kA，故障电流20.3 kA；第一次雷击间隔81.5 ms后，220 kV线路1再次出现落雷，雷电流幅值为−53.5 kA，线路侧断路器B相再次出现故障电流，持续约10 ms后故障电流消失，约930 ms后，线路重合闸成功
2013年，220 kV变电站2的220 kV线路2线路侧断路器C相	220 kV线路2的60号杆塔附近遭遇4次连续雷击导致C相接地故障，线路两侧断路器C相均跳闸，重合成功，其中两次落雷时间间隔与两次线路故障时间间隔一致，故障录波图显示断路器C相在分闸状态下断口在线路故障80 ms后处在分闸位置的断路器重新出现故障电流，持续到107 ms后消失，最大故障电流为63 kA
2018年，500 kV变电站3的500 kV线路3联络断路器	500 kV线路3的C相发生接地故障跳闸前后1 min，线路半径1 km范围内共有9次落雷，保护测距136.7 km（N289杆塔），故障电流4.118 kA，500 kV线路3保护动作出口跳线路侧5023断路器和联络5022断路器C相；119 ms后受到第四次雷电回击，再次出现故障电流，持续约10 ms，断路器保护沟通三跳动作，重合闸闭锁
2019年，220 kV变电站4的220 kV线路4线路侧断路器B相	220 kV线路4的B相发生接地故障前后1 min，线路半径5 km范围内共有34次落雷，保护测距17 km（5~6号塔），故障电流5.040 kA，保护动作跳4538断路器B相；232 ms后受到第三次雷击，220 kV线路4的B相再次出现故障电流，保护再次出口，跳线路侧断路器三相
2019年，220 kV变电站5的220 kV线路5线路侧断路器C相和TA的C相	220 kV变电站5发生C相故障，线路保护动作跳C相，315 ms后，该线路再次发生故障，线路保护动作跳三相，重合闸不动作，故障测距1.1 km。故障当天为雷暴天气，雷电定位系统临时关闭，根据气象局提供的信息，06时53分58秒至59秒，220 kV变电站5和220 kV线路5附近有5个落雷，雷电流为12~24 kA。巡视发现，距离220 kV变电站5约1.225 km处的N75塔上绝缘子有明显闪络痕迹
2014年，220 kV变电站6的220 kV线路6线路侧断路器C相	220 kV变电站6的220 kV线路6保护动作，线路侧断路器C相故障导致三相跳闸后重合闸不成功，故障期间，220 kV线路6沿线有9次雷电活动记录（事后巡查发现005号直线塔C相复合绝缘子雷击闪络），录波图发现故障相出现多次断口电弧重燃，SF_6气体分析发现C相的SO_2为1800 µL/L，远远大于规程要求（≤3 µL/L）

续表

故障点	故障情况
2016年，220 kV变电站7的220 kV线路7线路侧断路器C相	220 kV线路7线路侧断路器C相跳闸，重合闸不动作，而对侧线路侧断路器重合闸成功；故障期间，距220 kV变电站7约7.5 km的C相导线遭受雷电绕击，随后发生3次重复放电，故障录波显示故障后310、490、630 ms分别出现了故障电流，第2次短路前断路器已完全处于分位，电弧熄灭也有一段时间，判断为断口击穿
2017年，500 kV变电站8的220 kV线路8线路侧断路器C相	220 kV线路8的C相发生接地故障，线路侧断路器正确动作切除线路，178 ms后C相故障电流重燃，198 ms后线路两套保护均加速跳三相断路器，但C相故障电流仍未切除，启动500 kV变电站8的220 kV 1号母线失灵跳闸。事后检测表明，220 kV线路8线路侧断路器C相灭弧室气体中检出多种故障分解物，其中硫化物组分总量超出7000 μL/L，判断其内部受损程度严重。故障期间，220 kV线路8的53～58号杆段有5次落雷，与线路单相接地故障的保护动作时间精确吻合的雷电流幅值达213.5 kA，153 ms后又一次落雷，幅值为35.4 kA
2019年，220 kV变电站9的220 kV线路9线路侧断路器C相	220 kV线路9发生C相故障，220 kV线路9线路侧断路器C相跳开，其间线路走廊监测有4次落雷，落雷位置与保护测距（5.3 km）基本吻合；170 ms后C相再次出现故障电流，线路主保护及两套保护均跳三相断路器，但C相故障电流仍未切除，360 ms后启动母差失灵保护跳闸。220 kV线路9的终端塔上安装YH10CX4-204/592型带串联间隙线路型避雷器，故障期间无动作记录。事后，在220 kV线路9线路侧断路器C相灭弧室检测出SO₂特征气体，含量为219.6 μL/L
2020年，220 kV变电站10的110 kV线路10线路侧TA	220 kV变电站10处于热备用状态的110 kV线路10的N9~N10杆塔遭受连续雷击，在400 ms内遭受主放电和8次回击，主放电的雷电流幅值达-52.5 kA，引起B相（上相）雷电进波，对侧的断路器跳闸后强送成功后110 kV线路10再次跳闸，重合不成功。试验发现110 kV线路10线路侧TV B相SO₂远超注意值，解体检查发现，故障TA内部二次屏蔽罩与将军帽之间的SF₆气体间隙击穿放电
线路侧避雷器	
2019年，500 kV变电站11的500 kV线路11线路侧避雷器A相	500 kV线路11发生A、B相间短路引发线路跳闸，重合闸闭锁，强送后出现A相接地故障，线路跳闸。巡查发现500 kV线路11的A相避雷器损坏，防爆阀动作。在相间短路跳闸后至强送前，A相线路上共检测到11个雷电波形信号，共分为3组连续雷击，有4个回击雷电流幅值超过20 kA，2个在15~20 kA，1个在10~15 kA，2个小于10 kA
2019年，500 kV变电站12的500 kV线路12线路侧避雷器C相	500 kV线路12发生C相接地故障，保护动作跳开线路C相，1078 ms后重合和后面500 kV变电站12侧强送均不成功，C相一直有接地故障；检查发现500 kV线路12线路侧避雷器C相防爆阀动作，现场散落少量电阻片碎块。线路C相接地短路前后1 min共查询到10个雷击信息，巡视发现N13塔C相（下相）绝缘子有明显放电痕迹
2013年，500 kV变电站13的500 kV线路13线路侧避雷器A相	500 kV线路13的43号和47号段线路发生雷击单相短路故障，500 kV线路13线路侧断路器A相跳闸。故障后约570 ms，线路A相出现一个幅值达873.6 kV的过电压（对侧变电站故障录波也发现相同时间幅值高达858.4 kV的过电压），故障后1.133 s，在500 kV线路13线路重合闸之后，保护动作跳开该线路三相。故障期间先后有4次回击组成的连续雷击过程，雷击电流达7.9~23.4 kA

续表

故障点	故障情况
2021 年，500 kV 变电站 14 的 500 kV 线路 14 线路侧避雷器 B 相	500 kV 线路 14 的 N060 塔发生雷击 A、B 相故障跳闸，强送成功之后，运行人员检查发现 500 kV 变电站 14 内 500 kV 线路 14 线路避雷器 B 相在线监测仪全电流显示异常接近 5 mA 并持续增加，在停电过程中，避雷器故障，检查发现中下三节避雷器压力释放阀均已动作，绝缘子伞裙均有不同程度的损坏。故障期间共有三次连续雷击过程
2021 年，500 kV 变电站 15 的 500 kV 线路 15 线路侧避雷器 A 相	500 kV 线路 15 的 8 号塔 A 相接地故障，线路断路器跳闸，之后有明显的多次电压波动，怀疑为跳闸后线路遭受多次雷电波入侵。强送后 500 kV 线路 15 的 A 相再次发生单相接地故障，线路断路器跳闸后重合不成功；检查发现 500 kV 变电站 15 的 500 kV 线路 15 线路侧避雷器 A 相防爆膜动作，放电计数器损坏；故障期间共有 10 次落雷
2019 年，500 kV 变电站 16 的 500 kV 线路 16 线路侧避雷器 C 相	500 kV 线路 16 因 B、C 相间短路故障而跳闸，重合闸闭锁；强送后线路立即出现 C 相接地故障而跳闸，强送失败约 20 min，变电站内巡查发现 500 kV 线路 16 的线路避雷器 C 相表面温度超过 200 ℃，后避雷器中节发生损坏垮塌，防爆阀动作、放电计数器烧毁。线路相间短路前 1 h 共查询到 10 次落雷，前后 5 min 共查询到 3 次落雷
2020 年，500 kV 变电站 17 的 500 kV 线路 17 高抗中性点避雷器	500 kV 线路 17 因雷电绕击同塔双回的 N352-N353 塔档中间垂直排列的中下相（A、B 相）引发相间短路故障，保护动作跳三相线路，重合闸不动作。巡视发现 500 kV 线路 16 高抗中性点避雷器本体多处冒出浓烟，压力释放，多处崩裂；相间故障起始后约 0.6 s 时间内共受到 6 次雷电连续绕击，其中 1 号落雷引发线路 A、B 相间短路导致线路跳闸，又陆续经受 2~6 号落雷。500 kV 线路 16 的三相电压所经历约 0.6 s 的异常电压波动阶段，与落雷时间分布强相关
变压器	
2021 年，110 kV 变电站 18 的 1 号主变压器	单线单变结构的 110 kV 变电站 18 的 1 号主变压器差动保护动作跳开变压器各侧断路器，轻瓦斯保护动作报警，主变压器失压。故障时刻在该线路的 11~14 号杆塔之间有 3 个落雷，形成 110 kV 线路 18 连续雷击侵入波
2021 年，110 kV 变电站 19 的 2 号主变压器	对 110 kV 变电站 18 开展雷雨天气后特巡特维发现 2 号主变压器变低套管存在严重渗漏油紧急缺陷，对本体下部取油样进行色谱分析，发现乙炔含量（11.94 μL/L）超注意值，氢气、甲烷、乙烯、乙烷、总烃均有增长，初步怀疑主变压器内部存在放电。故障发生前、后 5 min 内，110 kV 线路 19 曾遭雷击，故障时刻有 3 次落雷位于 N53（终端塔）附近，属于雷电侵入较为严苛的近区落雷，造成 110 kV 线路 19 雷电侵入波

2.2 统计结果及分析

2.2.1 连续雷击占比

2.2.1.1 总分布

对 2010 年 1 月 6 日到 2021 年 11 月 19 日版本升级（可完成首次回击和后续回击的探测）后的广东省雷电定位系统监测到的 17195036 次地闪进行了统计，原始数据格式如图2-1所示，包括雷电流幅值、极性、经纬度、回击时间、回击次数、定位站数等，其中，电流正负号代表极性，数值代表幅值。

将一个后续回击与其首次回击归集为一个地闪应满足以下4个条件：①后续回击与首次回击（主放电）的雷电流极性相同；②后续回击与首次回击的时间间隔小于等于1 s；③相邻回击之间的时间间隔小于等于500 ms；④后续回击与首次回击的位置距离小于等于10 km。以上条件与国际标准IEC 62858：2019 *Lightning Density Based on Lightning Location Systems*（*LLS*）*-General Principles*中的多回击地闪定义一致。

共筛选出连续雷击共有9041483次，在地闪中占比52.58%。

2.2.1.2　年份分布

连续雷击占比的年份分布如表2-2所示，可以看出连续雷击占比在47.5%~59.0%区间内变化，随年份略有波动，推测原因是雷电活动与太阳黑子的活动周期密切相关。由图2-2和图2-3可知，连续雷击占比周期与太阳黑子活动周期大致吻合，连续雷击占比在2014~2016年达到了顶峰，这与太阳黑子活跃期时间相同，其余时间段内连续雷击占比在50%左右波动。

总体来看，连续雷击在地闪中的占比随年份基本上在均值52.7%左右波动，可以认为，连续雷击占比与年份关系不大。

表 2-2　连续雷击占比年份分布表

年份	总地闪次数	连续雷击次数	连续雷击占比（%）
2010	1557247	814143	52.3
2011	1224115	631251	51.6
2012	2020251	959664	47.5
2013	1197199	615046	51.4
2014	1690706	989429	58.5
2015	1084003	639023	59.0
2016	1566929	890950	56.9
2017	1327774	690808	52.0
2018	1375538	683651	49.7
2019	1303526	685482	52.6

续表

年份	总地闪次数	连续雷击次数	连续雷击占比（%）
2020	1450834	738399	50.9
2021	1396914	703637	50.4

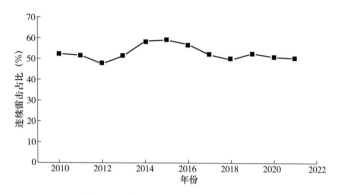

图 2-2　连续累计占比年份分布图

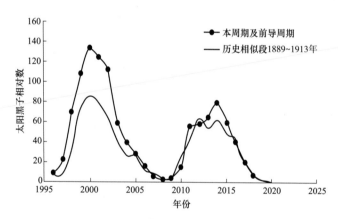

图 2-3　太阳黑子活动周期图

2.2.1.3　连续雷击占比统计

（1）2010~2021年广东省连续雷击在地闪中占比为52.58%。

（2）连续雷击在地闪中的占比随年份基本上在均值52.7%左右波动，可以认为，连续雷击占比与年份关系不大。

⚡ 2.2.2　连续雷击的极性特征

2.2.2.1　总分布

人工引雷试验数据和引起设备故障的地闪均为负极性连续雷击。

雷电定位系统信息中，负极性地闪占9041483次连续雷击的绝大部分（96.84%），见图2-4，可以看出，连续雷击以负极性地闪为主。

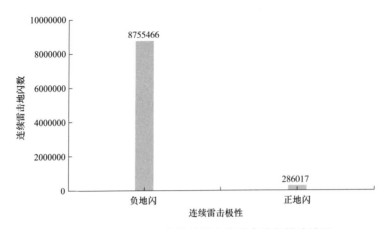

图 2-4　2010~2021 年连续雷击的雷电流极性统计图

2.2.2.2　年份分布

连续雷击雷电流极性的年度分布如表2-3和图2-5所示，可知负极性连续雷击占比在92.2%~99.4%区间变化，其与年份相关性不强。

表 2-3　连续雷击雷电流极性占比年度分布表

年份	负极性连续雷击		正极性连续雷击	
	次数	占比（%）	次数	占比（%）
2010	808742	99.3	5401	0.7
2011	627638	99.4	3613	0.6
2012	949079	98.9	10585	1.1
2013	604981	98.4	10065	1.6
2014	973477	98.4	15952	1.6
2015	630026	98.6	8997	1.4
2016	868588	97.5	22362	2.5
2017	666913	96.5	23895	3.5
2018	630220	92.2	53431	7.8
2019	644285	94.0	41197	6.0
2020	688333	93.2	50066	6.8
2021	663184	94.3	40453	5.7

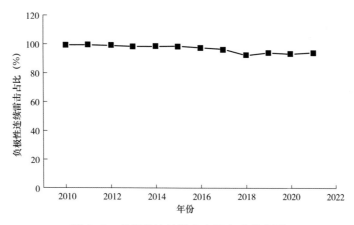

图 2-5　负极性连续雷击占比年度分布图

2.2.2.3　连续雷击极性统计小结

（1）2010~2021 年广东省负极性地闪占连续雷击绝大部分（96.84%）。

（2）负极性连续雷击占比在 92.2%~99.4% 区间变化，其与年份变化相关性不强。

2.2.3　连续雷击的频次特征

2.2.3.1　雷电定位系统的回击频次统计

对 9041483 次连续雷击的频次统计结果如表 2-4、图 2-6 和图 2-7 所示，可以看出：

表 2-4　2010~2021 年连续雷击频次统计表

频次	负极性连续雷击		正极性连续雷击	
	次数	占比（%）	次数	占比（%）
2	2793277	31.9	239113	83.6
3	1855375	21.2	38209	13.4
4	1285834	14.7	6877	2.4
5	904905	10.3	1411	0.5
6	635977	7.3	311	0.1
7	443267	5.1	72	0.03
8	302994	3.5	16	0.01
9	202298	2.3	6	<0.01
10	131085	1.5	1	<0.01

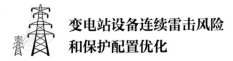
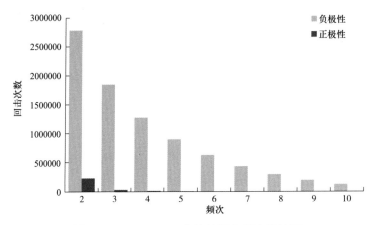

图 2-6 2010~2021 年连续雷击频次统计图

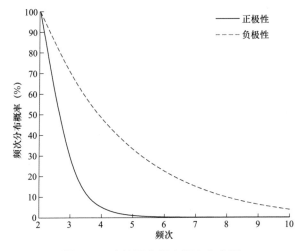

图 2-7 连续雷击频次概率分布图

（1）负极性连续雷击频次主要集中在 2~5 次，频次小于 5 次的概率为 78.1%，平均频次为 4.1 次，中位数频次为 4 次。

（2）正极性连续雷击频次主要集中在 2~3 次，频次小于 3 次的概率为 97%，平均频次较少为 2.17 次，中位数频次为 2 次。

连续雷击频次的年度分布如表 2-5 和图 2-8 所示，可知负极性连续雷击中位数频次自 2016 年开始呈上升趋势，正极性连续雷击中位数频次一直维持不变，说明近年来负极性连续雷击更加活跃，而正极性连续雷击则相对稳定。

表 2-5　连续雷击频次（中位数）年份分布表

年份	负极性连续雷击	正极性连续雷击
2010	3	2
2011	3	2
2012	3	2
2013	3	2
2014	3	2
2015	3	2
2016	3	2
2017	4	2
2018	4	2
2019	4	2
2020	4	2
2021	4	2

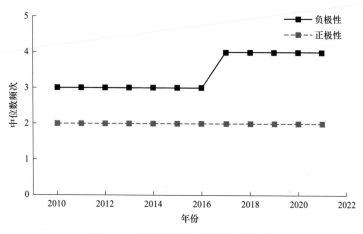

图 2-8　连续雷击频次年度分布图

2.2.3.2　人工引雷试验的回击频次统计

对 2008~2014 年 25 例人工引雷试验进行回击频次统计，在这 25 例人工引雷中共有 106 次回击，回击频次的平均值为 4.24 次。

2.2.3.3　连续雷击故障的回击频次统计

作为比较，对造成变电站线路侧断路器、避雷器以及变压器共 18 起故障的负极性连续雷击的频次进行统计，其与上述雷电定位系统统计结果（负极性连续雷击平均频次为4.1次，中位数频次为4次）相近，如表2-6所示，断路器、避雷器和变压器故障相关的负极性连续雷击频次的算术平均值为4.17、4.73次和3次，中位数为4、4次和3次。

表2-6　连续雷击导致断路器、避雷器以及变压器故障的频次统计

线路	频次		线路	频次	
	平均值	中位数		平均值	中位数
线路侧断路器			线路侧避雷器		
220 kV 线路 1	2	2	500 kV 线路 11	4.5	4.5
220 kV 线路 2	4	4	500 kV 线路 12	6.5	6.5
500 kV 线路 3	6	6	500 kV 线路 13	2	2
220 kV 线路 4	2	2	500 kV 线路 14	3	3
220 kV 线路 6	8	8	500 kV 线路 15	10	10
220 kV 线路 7	3	3	500 kV 线路 17	4	4
220 kV 线路 8	3.5	3.5	总计	4.73	4
220 kV 线路 9	3.67	4	变压器		
110 kV 线路 10	7	7	110 kV 线路 18	3	3
总计	4.17	4	110 kV 线路 19	3	3
			总计	3	3

2.2.3.4　连续雷击频次统计小结

（1）对2010~2021年9041483次连续雷击进行频次统计，负极性连续雷击集中于2~5次，平均频次为4.1次，中位数频次为4次。

（2）2008~2014年25例人工引雷试验中负极性回击平均频次为4.24次。

（3）断路器、避雷器和变压器故障相关的负极性连续雷击平均频次分别为3.91、4.73次和3次，中位数分别为4、4次和3次，数值水平接近。

2.2.4　连续雷击的时间间隔特征

2.2.4.1　雷电定位系统的回击时间间隔统计

对2010~2021年广东地区的9041483次连续雷击的时间间隔进行统计，结果如表2-7、图2-9和图2-10所示，可以看出：

表 2-7   连续雷击时间间隔统计表

时间间隔（ms）	负极性连续雷击		正极性连续雷击	
	次数	占比（%）	次数	占比（%）
0~100	541721	63.10	1154	51.90
100~200	189879	22.49	523	18.70
200~300	48300	6.56	200	11.91
300~400	23899	3.17	126	8.60
400~500	12860	1.66	78	6.53

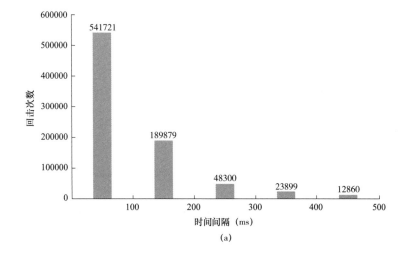

(a)

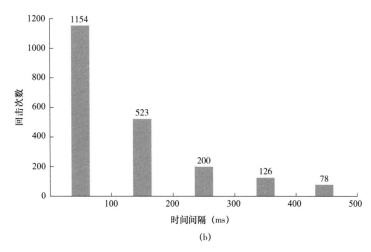

(b)

图 2-9   2010~2021 年连续雷击时间间隔统计图

（a）负极性连续雷击时间间隔 ；（b）正极性连续雷击时间间隔

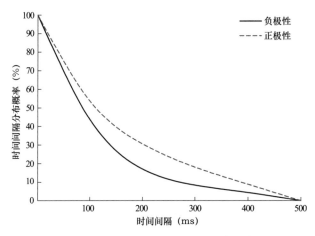

图 2-10　连续雷击时间间隔概率分布

（1）负极性和正极性连续雷击时间间隔集中在0~100 ms，时间间隔小于100 ms
的负极性和正极性连续雷击占比分别为63.10%和51.90%，小于200 ms的连续雷击
的占比接近分别为85.59%和70.60%。

（2）负极性和正极性连续雷击时间间隔的算术平均值分别为103.2 ms和
140.5 ms，中位数分别为71.6 ms和82.7 ms。

连续雷击时间间隔的年度分布如表2-8和图2-11所示，可知：

（1）负极性和正极性的连续雷击时间间隔随年份变化趋势一致，但正极性连续
雷击时间间隔较负极性随年份变化更大，可能与正极性样本较小相关。

（2）负极性和正极性的连续雷击时间间隔都在2013~2016年之间达到顶峰，后
有所下降，与太阳黑子活动周期规律相似，推测连续雷击时间间隔与太阳黑子活动
具有一定的相关性。

表 2-8　连续雷击时间间隔年份分布表

年份	负极性连续雷击时间间隔中位数	正极性连续雷击时间间隔中位数
2010	78.70	98.16
2011	78.46	91.82
2012	76.59	87.75
2013	78.17	116.91
2014	79.81	110.96
2015	79.86	106.90

续表

年份	负极性连续雷击时间间隔中位数	正极性连续雷击时间间隔中位数
2016	78.42	105.80
2017	74.58	92.63
2018	69.40	72.48
2019	72.58	87.05
2020	69.51	88.33
2021	71.56	82.72

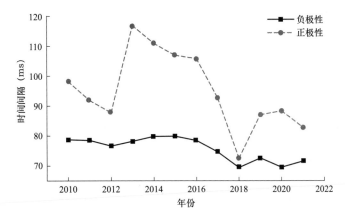

图 2-11　连续雷击时间间隔年份分布图

进一步将连续雷击时间间隔的中位数按照不同频次进行统计，如表2-9所示，可以看出：

（1）随着频次增加，各次时间间隔依次递减。

（2）第1次后续回击至各次后续回击，时间间隔有上升的趋势。

表 2-9　各个频次对应的雷电流时间间隔的中位数统计表

极性	负极性				正极性			
频次	2	3	4	5	2	3	4	5
t_{12}（ms）	93	71	66	62	80	59	46	63
t_{23}（ms）	—	86	66	61	—	64	46	41
t_{34}（ms）	—	—	90	69	—	—	69	44
t_{45}（ms）	—	—	—	94	—	—	—	139

注　t_{ab}指的是第a次回击与第b次回击之间的时间间隔。

将广东省连续雷击回击时间间隔统计结果与相关文献进行对比，可以反映出不同地区连续雷击时间间隔存在差异，如表2-10所示，以广东地区为代表的中国南方地区负极性连续雷击时间间隔明显比瑞士和巴西国家要长；而对于正极性连续雷击来说，巴西东南地区的时间间隔最长，中国南方地区次之，美国佛罗里达最短。

表2-10　不同地区连续雷击的时间间隔统计表

项目	负极性连续雷击			正极性连续雷击		
样本来源	中国广东	Berger（瑞士）	Visacro（巴西）	中国广东	Nag（美国佛罗里达）	Saba（巴西东南地区）
样本数量	8755466	101	31	286017	10	20
回击时间间隔（ms）	103.2	33	68	140.5	77	143

2.2.4.2　人工引雷试验的回击时间间隔统计

人工引雷试验中连续雷击时间间隔统计结果如图2-12所示，可见：

（1）时间间隔为0~180 ms占绝大部分，约占所有样本的88%。

（2）连续雷击平均时间间隔为46.71 ms。

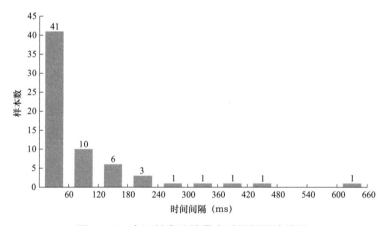

图2-12　人工触发连续雷击时间间隔统计图

2.2.4.3　连续雷击故障的回击时间间隔统计

作为比较，对造成变电站线路侧断路器、避雷器以及变压器共18起故障的负极性连续雷击时间间隔进行统计，如表2-11所示。

（1）断路器故障相关的负极性连续雷击时间间隔平均值为110.05 ms，中位数为81 ms，最大值为421.7 ms，与上述雷电定位系统统计结果（负极性连续雷击时间间隔算术平均值103.2 ms和中位数71.6 ms）接近。

（2）避雷器故障相关的负极性连续雷击时间间隔平均值为82.76 ms，中位数为50 ms，最大值为442 ms，与上述雷电定位系统统计结果相比，平均值和中位数都偏小。

（3）变压器故障相关的负极性连续雷击时间间隔平均值为82.5 ms，中位数为76.5 ms，最大值为168 ms，与上述雷电定位系统统计结果相比，平均值偏小，中位数较为接近。

表 2-11　连续雷击导致断路器、避雷器以及变压器故障的时间间隔统计

线路	时间间隔（ms）			线路	时间间隔（ms）		
	平均值	中位数	最大值		平均值	中位数	最大值
线路侧断路器				线路侧避雷器			
220 kV 线路 1	81	81	81	500 kV 线路 11	92.79	75	252
220 kV 线路 2	38	45	45	500 kV 线路 12	102.64	71	442
500 kV 线路 3	56.8	46	119	500 kV 线路 13	121.67	120	195
220 kV 线路 4	293	293	293	500 kV 线路 14	51.5	51.5	79
220 kV 线路 6	85.43	115.4	147.3	500 kV 线路 15	25.5	25.5	36
220 kV 线路 7	210	180	310	500 kV 线路 17	49.56	39	124
220 kV 线路 8	51.84	42.6	103.3	总计	82.76	50	442
220 kV 线路 9	204.33	174.35	421.7	变压器			
110 kV 线路 10	66.33	43.5	177	110 kV 线路 18	55.5	55.5	62
总计	110.05	81	421.7	110 kV 线路 19	96	94	168
				总计	82.5	76.5	168

2.2.4.4　连续雷击时间间隔统计小结

（1）连续雷击时间间隔主要集中在0~100 ms，负极性和正极性连续雷击时间间隔的算术平均值分别为103.2 ms和140.5 ms，中位数分别为71.6 ms和82.7 ms。

（2）随着频次增加，各次时间间隔依次递减，并且第1次后续回击至各次后续回击，时间间隔有上升的趋势。

（3）以广东地区为代表的中国南方地区负极性连续雷击时间间隔明显比瑞士和

巴西要长。

（4）人工引雷试验中，负极性连续雷击时间间隔主要集中在0~180 ms，约占所有样本的88%，平均时间间隔为46.71 ms。

（5）断路器、避雷器和变压器故障相关的负极性连续雷击时间间隔平均值分别为110.05、82.76 ms和82.5 ms，中位数分别为81、50 ms和76.5 ms，与雷电定位系统统计结果接近。

2.2.5 连续雷击的雷电流幅值特征

2.2.5.1 雷电流幅值平均值

1.雷电定位系统的雷电流幅值统计

对2010~2021年广东地区9041483次连续雷击雷电流幅值进行统计，得出首次回击和后续回击雷电流幅值特征以及概率分布函数如表2-12、图2-13和图2-14所示，以负极性连续雷击为例，有以下规律：

（1）首次回击：雷电流幅值为0~50 kA占所有回击的70%，平均值为46.60 kA，中位数33.5 kA。

（2）后续回击：雷电流幅值为0~40 kA占所有回击的74.9%，平均值为31.55 kA，中位数24.4 kA。

表2-12 连续雷击雷电流幅值统计

极性	负极性		正极性	
次序	首次回击	后续回击	首次回击	后续回击
平均值（kA）	46.60	31.55	45.01	35.01
中位数（kA）	33.5	24.4	20.2	16.9
拟合函数	$P=\dfrac{1}{1+\left(I/37\right)^{2.7}}$	$P=\dfrac{1}{1+\left(I/27\right)^{2.8}}$	$P=\dfrac{1}{1+\left(I/24\right)^{2.1}}$	$P=\dfrac{1}{1+\left(I/20\right)^{2.2}}$
IEEE	$P=\dfrac{1}{1+\left(I/31\right)^{2.6}}$	$P=\dfrac{1}{1+\left(I/12\right)^{2.7}}$	—	—

注 最后一行的两个雷电流幅值概率公式是由Eriksson和Anderson根据Berger等人获得的数据进行拟合，两个公式被IEEE工作组和CIGRE所推荐。

2. 雷电流幅值概率分布函数

IEEE推荐的负极性首次回击雷电流幅值概率分布拟合公式为

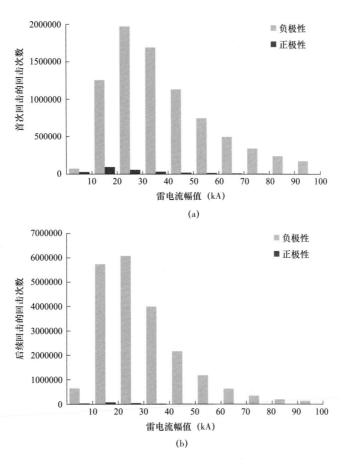

图 2-13　连续雷击雷电流幅值统计图

（a）首次回击雷电流统计图 ；（b）后续回击雷电流统计图

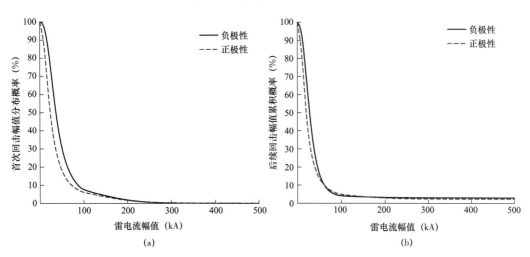

图 2-14　连续雷击雷电流幅值概率统计图

（a）首次回击雷电流幅值概率图 ；（b）后续回击雷电流幅值概率图

$$P = \frac{1}{1+\left(\dfrac{I}{31}\right)^{2.6}} \qquad (2-1)$$

式中：I 为雷电流幅值，kA；P 为雷电流幅值大于 I 的概率，可以看出 IEEE 推荐的雷电流幅值概率分布拟合形式为

$$P = \frac{1}{1+\left(\dfrac{I}{\alpha}\right)^{\beta}} \qquad (2-2)$$

式中：参数 α 为中值雷电流，即雷电流幅值高于 α 值的概率为 50%，参数 β 反映了曲线变化程度，当 β 值越大，表示雷电流幅值概率曲线下降程度越快，雷电流幅值集中性越强。

GB/T 50064—2014《交流电气装置的过电压保护和绝缘配合设计规范》（式 D.1.1-1）推荐雷电流幅值概率分布公式为

$$P = 10^{-\frac{I}{88}} \qquad (2-3)$$

式（2-3）是依据我国新杭线于 1962~1987 年内所安装磁钢棒的检测结果（测量得到安装时段的最大雷电流幅值），用 97 个雷击塔顶负极性雷电流幅值数据拟合回归得到，可以看出我国电力行业标准推荐的雷电流幅值概率分布拟合形式为

$$P = 10^{-\frac{I}{\alpha}} \qquad (2-4)$$

对广东省 2010~2021 年雷电定位系统中负极性首次回击雷电流幅值进行统计分析，得到首次回击雷电流幅值概率分布如图 2-15 所示，可以看出，雷电流幅值在两端分布较少，主要分布在 20~50 kA，占总回击次数的 54.81%，雷电流幅值大于 110.71 kA 的回击次数占总回击次数的 5%。

根据式（2-2）使用最小二乘法进行拟合，得到拟合公式的 α 值与 β 值如表 2-13 所示，可以看出：

（1）与 2.2.1.2 节连续雷击在地闪中占比的年份分布规律相似，不同年份首次回击与后续回击的雷电流幅值略有差异，与太阳黑子活动周期规律相似，显示连续雷击雷电流幅值与太阳黑子活动呈现一定的相关性。

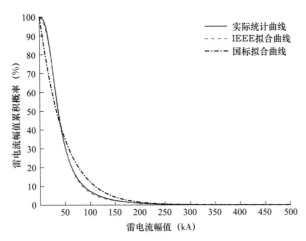

图 2-15　首次回击雷电流幅值概率分布曲线对比

表 2-13　不同年份雷电流幅值的拟合参数

年份	连续雷击次数	首次回击		后续回击	
		α值	β值	α值	β值
2010	814143	43.3	2.8	32.7	3.4
2011	631251	38.5	2.7	29.8	3.4
2012	959664	34.6	2.7	27.9	3.3
2013	615046	38.2	2.6	29.1	3.3
2014	989429	38.5	2.9	28.8	3.4
2015	639023	40.1	2.7	29.4	3.4
2016	890950	37.0	2.7	27.2	3.2
2017	690808	36.4	2.6	26.0	3.1
2018	683651	33.1	2.6	22.8	2.8
2019	685482	33.3	2.7	24.3	3.0
2020	738399	33.4	2.5	23.9	2.9
2021	703637	34.3	2.5	24.8	2.9

（2）总体上，各年份首次回击和后续回击拟合公式的α值与β值接近，雷电流幅值与年份相关性不强。

（3）各年份后续回击的雷电流幅值均小于首次回击的雷电流幅值。

根据IEEE与我国国家标准推荐的雷电流幅值概率分布拟合公式，使用最小二乘法分别对图2-15的雷电流幅值概率分布进行拟合，得到拟合公式如式（2-5）、式（2-6）所示。

$$P = \frac{1}{1+\left(\dfrac{I}{37}\right)^{2.7}}$$ （2-5）

$$P = 10^{-\frac{I}{109.06}}$$ （2-6）

由图2-15可以看出，实际统计的雷电流幅值概率分布曲线与IEEE推荐的雷电流幅值概率分布曲线特征更相似，满足雷电流幅值在两端分布较少的特征，而我国国家标准认为随着雷电流幅值的增大，雷电流幅值分布减小。

统计雷电流幅值出现在小电流段10~50 kA和大电流段150 kA及以上的概率分别为69.14%和2.48%；根据我国国标推荐曲线，相应的概率分别为46.17%和4.21%，比实际统计值显著偏小；根据IEEE推荐曲线，相应的概率分别为66.43%和2.23%，与实际统计值较为接近。

根据上述分析可知，IEEE推荐的雷电流幅值概率分布公式与实际更加相符，而我国国家标准推荐的雷电流幅值概率分布公式与实际存在较大出入，原因为我国国家标准推荐公式是采用磁钢棒检测雷电流幅值数据进行拟合，磁钢棒记录的是载流导体中流过的最大雷电流幅值，在各次重复落雷中，只保留了雷电流幅值最大的那一次记录，漏掉了部分幅值较小的雷电流，部分记录的雷电流幅值偏大，导致国家标准推荐的雷电流幅值概率分布曲线比统计曲线小电流概率偏小、大电流概率略偏大。

将负极性地闪分为负极性单次雷击与负极性连续雷击，使用IEEE推荐的雷电流幅值概率分布公式进行拟合，得到拟合公式的α值和β值如表2-14所示。

表2-14　不同次序雷击的拟合参数

雷击次序	雷击个数	α值	β值
单次雷击	6335081	24.98	2.96
连续雷击首次回击	8755466	36.65	2.66
连续雷击后续第一次回击	6790138	28.43	3.20
连续雷击后续第二次回击	4485700	28.33	3.15

续表

雷击次序	雷击个数	α值	β值
连续雷击后续第三次回击	2981942	27.13	3.04
连续雷击后续第四次回击	1983060	25.39	3.01
连续雷击后续第五次回击	1315835	23.71	3.08
连续雷击后续第五次以上回击	2334891	21.17	3.28

基于2010~2021年负极性连续雷击数据拟合得到的雷电流幅值概率分布函数，可知首次回击和后续回击雷电流幅值都较IEEE推荐的拟合雷电流幅值概率分布拟合函数计算结果整体偏高，如图2-16所示。

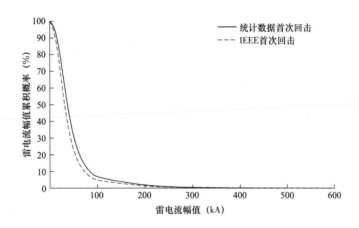

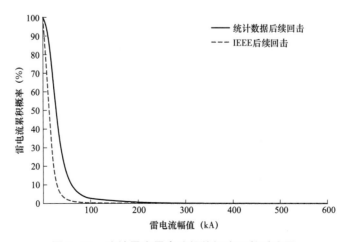

图 2-16　连续雷击雷电流幅值概率函数对比图

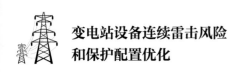

3.连续雷击雷电流幅值的年份分布

连续雷击雷电流幅值的年度分布如表2-15和图2-17所示，可知：

（1）雷电流幅值中位数随年份呈现一定的变化，从2010年开始有下降趋势后，到2012~2013年逐渐上升，在2015年左右达到峰值，然后逐渐下降到趋于平缓，这与太阳黑子活动周期规律相似，推测连续雷击雷电流幅值与太阳黑子活动具有一定的相关性。

（2）整体而言，各年份雷电流幅值差异在15%以内，可以说与年份相关性不大。

（3）各个年份中首次回击雷电流幅值均大于后续回击。

表2-15　雷电流幅值（中位数）年份分布表　　　　　　　　　kA

年份	负极性单次雷击	负极性连续雷击		正极性连续雷击	
		首次回击	后续回击	首次回击	后续回击
2010	−30.1	−42.4	−32.4	46.0	41.4
2011	−26.5	−37.5	−29.5	38.7	37.9
2012	−23.5	−33.9	−27.7	34.8	33.3
2013	−25.1	−37.1	−28.7	36.6	27.6
2014	−27.3	−37.7	−28.5	33.0	29.6
2015	−26.9	−39.1	−29.1	35.6	33.1
2016	−25.8	−36.1	−27.0	25.0	22.3
2017	−22.7	−35.7	−26.0	22.9	20.2
2018	−20.7	−32.6	−22.6	17.8	14.4
2019	−22.9	−32.8	−24.0	18	15.7
2020	−21.2	−32.7	−23.6	19.7	17.0
2021	−22.0	−33.5	−24.4	20.2	16.9

与国外文献统计结果相比较，如表2-16所示，可以看出：

（1）中国广东地区连续雷击雷电流幅值均大于其他地区，可能与中国广东地区属于雷暴高发区有关。

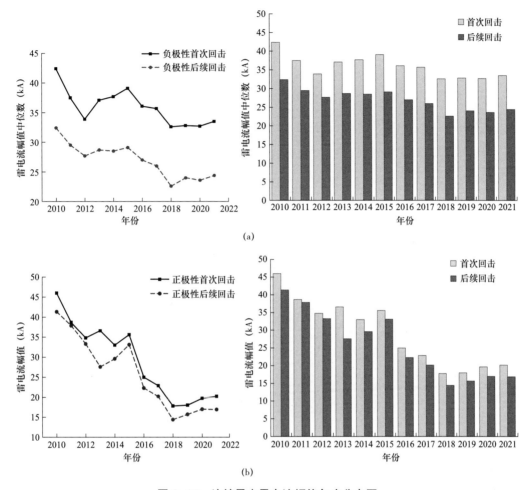

图 2-17 连续雷击雷电流幅值年度分布图

（a）负极性连续雷击；（b）正极性连续雷击

（2）国内外统计数据均表明，首次回击雷电流幅值普遍要大于后续回击。

表 2-16 连续雷击雷电流幅值统计表

极性	负极性			正极性		
样本来源	中国 广东	Berger （瑞士）	Visacro （巴西）	中国 广东	Anderson （瑞士）	Saba （巴西）
样本数量	8755466	101	31	263042	21	20
首次回击雷电流 幅值（kA）	46.6	30.0	45.3	45.01	35.0	26.1
后续回击雷电流 幅值（kA）	31.55	12.3	15.3	35.01	12.3	22.1

变电站设备连续雷击风险
和保护配置优化

4. 人工引雷试验的雷电流幅值统计

对全部 106 次人工引雷回击雷电流幅值进行统计，结果如图 2-18 所示，可以看出：

（1）连续雷击中雷电流幅值为 0~30 kA 占绝大部分，约占所有回击的 91%，其中占主导的回击电流幅值为 10~20 kA，约占 2/3（66.04%）。

（2）连续雷击平均雷电流幅值为 16.11 kA。

（3）与表 2-12 雷电定位系统统计的自然界中负极性连续雷击平均电流幅值（首次回击 46.60 kA，后续回击 31.55 kA）相比较，人工引雷回击电流幅值偏小。

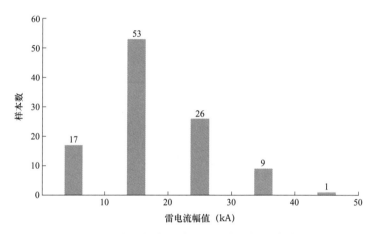

图 2-18　人工触发连续雷击雷电流幅值统计图

5. 连续雷击相关故障的雷电流幅值统计

作为比较，对造成变电站线路侧断路器、避雷器和变压器共 18 起故障的负极性连续雷击首次回击和后续回击的雷电流幅值进行统计，如表 2-17 所示，可以看出：

（1）断路器故障相关的首次回击平均雷电流幅值为 88.13 kA，后续回击平均雷电流幅值为 26.59 kA，与上述雷电定位系统统计结果（负极性连续雷击首次回击平均雷电流幅值 46.60 kA，后续回击平均雷电流幅值 31.55 kA）相比，首次回击平均雷电流幅值显著偏大，后续回击平均雷电流幅值较为接近。

（2）避雷器故障相关的首次回击平均雷电流幅值为 18.23 kA，后续回击平均雷电流幅值为 18.62 kA，较雷电定位系统统计结果偏小。

（3）变压器故障相关的首次回击平均雷电流幅值为 37 kA，后续回击平均雷电流幅值为 29.03 kA，首次回击平均雷电流幅值较雷电定位系统统计结果略微偏大，后续回击平均雷电流幅值较为接近。

表 2-17　造成故障的负极性连续雷击的回击雷电流幅值统计表

线路	首次回击雷电流幅值（kA）	后续回击雷电流幅值（kA）	线路	首次回击雷电流幅值（kA）	后续回击雷电流幅值（kA）
线路侧断路器			线路侧避雷器		
220 kV 线路 1	155.70	52.20	500 kV 线路 11	10.85	13.70
220 kV 线路 2	31.70	14.07	500 kV 线路 12	12.50	11.36
500 kV 线路 3	26.30	13.88	500 kV 线路 13	32.80	13.92
220 kV 线路 4	18.00	28.30	500 kV 线路 14	13.60	15.12
220 kV 线路 6	36.80	27.02	500 kV 线路 15	6.30	13.80
220 kV 线路 8	70.23	35.16	500 kV 线路 17	47.30	23.18
220 kV 线路 9	235.60	31.89	平均值	18.23	18.62
110 kV 线路 10	52.5	13.85	变压器		
平均值	88.13	26.59	110 kV 线路 18	35.6	26.21
			110 kV 线路 19	34.5	22.49
			平均值	37	29.03

2.2.5.2　连续雷击首次回击与单次雷击的雷电流幅值比较

为比较首次回击与后续回击的雷电流幅值，对广东省 2010~2021 年雷电定位系统中各年份负极性首次回击与后续回击的雷电流幅值进行统计，总体情况见表 2-14，年份情况见表 2-15 和图 2-19，可以看出：

（1）连续雷击首次回击雷电流幅值为单次雷击的 1.48 倍，以占绝对多数的负极性雷击为例，从年份的比较（见图 2-19）中也可以看出，连续雷击首次回击雷电流幅值大约为单次雷击的 1.5 倍的水平；后续回击雷电流幅值也略大于单次雷击。

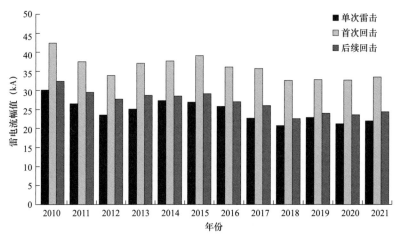

图2-19 负极性连续雷击和单次雷击的雷电流幅值年度分布图

（2）频次为2、3、4和5的负极性连续雷击首次回击雷电流幅值分别为单次雷击的1.31、1.54、1.70倍和1.82倍，如表2-18所示，说明连续雷击首次回击雷电流幅值均大于单次雷击。

表2-18 不同频次负极性连续雷击雷电流幅值的拟合参数

第a次回击的雷电流幅值	单次雷击		频次为2		频次为3		频次为4		频次为5	
	α值	β值	α值	β值	α值	β值	α值	β值	α值	β值
I_1	25.0	3.0	32.7	2.8	38.5	2.7	42.6	2.6	45.5	2.5
I_2	—	—	26.5	3.3	28.9	3.4	31.0	3.3	31.8	3.3
I_3	—	—	—	—	26.9	3.1	28.8	3.3	30.9	3.3
I_4	—	—	—	—	—	—	26.5	3.0	28.1	3.1
I_5	—	—	—	—	—	—	—	—	25.2	3.0

以上统计结果说明连续雷击首次回击比单次雷击危害更大。相较于单次雷击，连续雷击不仅拥有更多的雷击次数，其首次回击电流幅值一般也大于单次雷击。在传统的防雷绝缘配合设计中，主要基于单次雷击的雷电参数，并未将连续雷击首次回击与单次雷击分开统计，即未考虑连续雷击的影响，低估了连续雷击对电气设备产生的威胁。

2.2.5.3 首次回击与后续回击的雷电流幅值比较

从表2-14和图2-17可以看出，连续雷击首次回击电流幅值一般高于后续回击，且随着回击次序的增加，后续回击雷电流幅值下降，最后呈收敛趋势。后续回击在 5 次后，雷电流中值为 21.17 kA。

尽管如此，也存在后续回击雷电流幅值大于首次回击的概率，如表 2-19 和图 2-20 所示，可以看出：

（1）频次在 3 次以内，连续雷击后续回击雷电流幅值超过首次回击的可能性较低；频次较多时，后续回击雷电流幅值可能较高。

（2）随着频次升高，后续回击雷电流幅值大于首次回击的概率均存在上升的趋势。

（3）后续回击雷电流幅值大于首次回击的概率大于 36%，在 36%~67% 之间。

表 2-19　后续回击雷电流幅值大于首次回击的概率统计表

连续雷击极性	负极性				正极性			
	频次为 2	频次为 3	频次为 4	频次为 5	频次为 2	频次为 3	频次为 4	频次为 5
后续回击电流幅值大于首次回击概率（%）	36.0	45.4	49.4	51.5	33.2	42.6	47.1	66.7

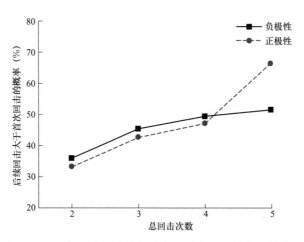

图 2-20　后续回击雷电流幅值大于首次回击的概率统计图

2.2.5.4　不同频次的雷电流幅值特征

对 2010~2021 年广东地区连续雷击雷电流幅值中位数按照不同频次进行统计，如表 2-20 和图 2-21 所示，以占主导的负极性连续雷击为例，可以看出：

表 2-20　广东地区连续雷击各个频次雷电流幅值的中位数统计表

第a次回击的雷电流幅值	负极性连续雷击					正极性连续雷击				
	单次雷击	频次为2	频次为3	频次为4	频次为5	单次雷击	频次为2	频次为3	频次为4	频次为5
I_1（kA）	-22.0	-32.0	-37.5	-41.6	-44.6	21.5	23.0	20.0	17.2	13.2
I_2（kA）	—	-26.4	-29.0	-31.1	-31.9	—	20.0	17.0	15.1	20.1
I_3（kA）	—	—	-26.7	-28.9	-31.0	—	—	17.2	14.8	16.0
I_4（kA）	—	—	—	-26.2	-28.1	—	—	—	20.0	17.5
I_5（kA）	—	—	—	—	-24.9	—	—	—	—	25.9

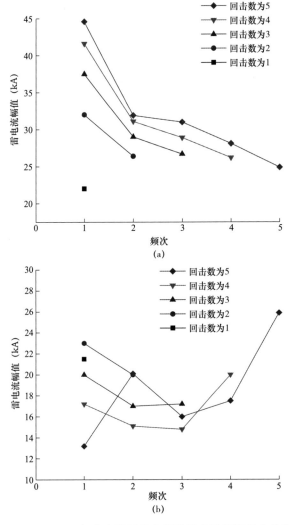

图 2-21　2010~2021 年广东地区各个频次雷电流幅值的中位数统计图

（a）负极性连续雷击；（b）正极性连续雷击

（1）随着频次增加，各次回击的雷电流幅值依次递增。

（2）首次回击至各次后续回击，雷电流幅值依次递减。

上述规律可以为建立雷电流模型提供幅值依据。

2.2.5.5　连续雷击的雷电流幅值统计小结

（1）在广东地区 2010~2021 年 9041483 次连续雷击中，负极性连续雷击首次回击雷电流幅值为 0~50 kA 占比 70%，平均值为 46.60 kA，中位数为 33.5 kA；负极性连续雷击后续回击雷电流幅值为 0~40 kA 占比 74.9%，平均值为 31.55 kA，中位数为 24.4 kA。

（2）IEEE 推荐的雷电流幅值概率分布公式与实际统计更加相符，而国标推荐的雷电流幅值概率分布公式与实际统计存在较大出入，因此采用 IEEE 推荐公式进行雷电流幅值概率分布拟合，并且拟合得到的首次回击和后续回击雷电流幅值概率分布都较 IEEE 推荐的雷电流幅值概率分布拟合函数计算结果整体偏高。

（3）广东地区各个年份首次回击雷电流幅值均大于后续回击；国内外的统计数据也显示首次回击雷电流幅值普遍大于后续回击。

（4）106 次人工引雷回击雷电流幅值中，0~30 kA 占绝大部分（约 91%）；连续雷击的平均雷电流幅值为 16.11 kA，较雷电定位系统统计的自然界中连续雷击后续回击平均雷电流幅值（31.55 kA）要小得多。

（5）断路器、避雷器和变压器故障相关的负极性首次回击平均雷电流幅值为 88.13、16.98 kA 和 37 kA，负极性后续回击平均雷电流幅值为 26.59、15.63 kA 和 29.03 kA，与雷电定位系统统计结果接近。

（6）随着频次升高，各次回击的雷电流幅值依次递增，并且首次回击至各次后续回击雷电流幅值依次递减。

（7）随着频次升高，后续回击雷电流幅值大于首次回击的概率均存在上升的趋势。

⚡ 2.2.6　连续雷击后续回击雷电流波形特征

2.2.6.1　历史人工引雷情况

当前雷电定位系统尚无法记录雷电流波形，人工引雷提供了了解连续雷击后续回击电流波形特征的途径，其不仅能够提供最接近真实自然闪电的放电源，而且具有发生地点固定、时间预知的优势，便于实现连续雷击后续回击电流的直接测量。

一般的自然闪电是由下行梯级先导开始的，存在首次回击过程；而人工引雷则以上行先导开始，其后是一连续电流过程，没有自然闪电中的首次回击过程，但人工引雷和自然闪电都有后续回击及之后的连续电流过程。

仅从电流有关的特征量来看，自然闪电和人工引雷的后续回击的过程是相似的。Uman等人总结了众多观测结果，表明如果将自然闪电和人工引雷的后续回击所产生的电场变化峰值归一化到100 km处，其值不存在明显差异，这说明从电流角度来看人工引雷是可以比较好的反映自然闪电在后续回击过程中的特征。

对106次人工引雷后续回击上升沿时间进行统计，结果如图2-22所示，可以看出：

（1）后续回击上升沿时间在0~0.8μs之间占绝大部分，约占所有回击的90.57%。

（2）后续回击平均上升沿时间为0.43μs。

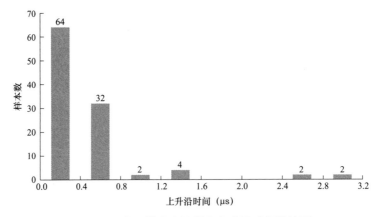

图2-22　人工触发连续雷击上升沿时间统计图

对人工引雷后续回击半幅值宽度进行统计，结果见图2-23，可以看出：

（1）后续回击半幅值宽度大部分在0~40μs之间，约占所有回击的80.19%。

（2）后续回击平均半幅值宽度为18.94μs。

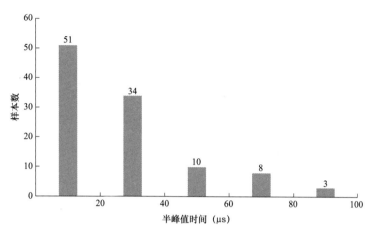

图 2-23　人工触发连续雷击半幅值宽度统计图

综合上述分析，人工引雷的后续回击过程可以用回击频次为 4、回击间隔为 46.71 ms 的连续雷击表示，每个回击的典型雷电流波形如图 2-24 所示，其中雷电流幅值为 16.11 kA，上升沿为 0.43 μs，半幅值宽度为 18.94 μs。

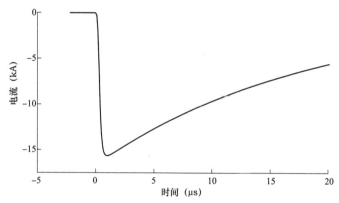

图 2-24　人工引雷连续雷击雷电流波形图

2.2.6.2　2021 年人工引雷试验情况

2021 年整个雷雨季节，在从化引雷基地共计发射引雷火箭 13 枚，成功触发闪电 5 次，成功率为 38%，如表 2-21 所示，引雷实景见图 2-25。测量系统完整记录了这 5 次雷电（全部为负极性地闪）的雷电流数据。

需要说明的是，人工触发雷电地闪没有经历自然雷电的上行先导过程，无法准确反映主放电（首次回击）过程，所测量的回击全部是后续回击；分析的数据减去了底部平均噪声。

表 2-21　引雷次数统计

引雷日期	引雷时刻	后续回击次数
2021-05-29	17时28分42秒	5
2021-05-31	15时20分17秒	1
2021-06-14	12时01分21秒	5
2021-07-03	15时34分32秒	6
2021-08-06	16时02分10秒	2

(a)　　　　　　　　　(b)　　　　　　　　　(c)

(d)　　　　　　　　　(e)

图 2-25　五次引雷实景

（a）第一次引雷；（b）第二次引雷；（c）第三次引雷；（d）第四次引雷；（e）第五次引雷

2.2.6.3　2021年人工引雷试验的后续回击雷电流测量结果及分析

1. 回击雷电流波形

通过引流杆测得5次引雷的雷电流数据如表2-22所示，雷电流波形如图2-26~图2-30所示，其中，平均值和中位数计算未计及第五次引雷的回击数据，原因是电流幅值和波前时间与前4次引雷数据以及气象局以往引雷历史数据偏差较大，判断为异常非有效数据，得出人工引雷后续回击雷电流参数：

表 2-22　引流杆雷电流特征参数表

日期	回击序号	雷电流幅值（kA）	雷电流波形（μs）	时间间隔（ms）
2021-05-29	R11	−33.50	0.44/42.60	60.82
	R12	−28.08	0.42/23.62	65.70
	R13	−21.63	0.37/26.20	102.96
	R14	−25.75	0.41/26.58	149.61
	R15	−15.75	0.34/4.73	—
2021-05-31	R21	−29.25	0.68/42.22	—
2021-06-14	R31	−15.08	0.40/14.02	8.02
	R32	−14.46	0.28/26.45	92.79
	R33	−13.79	0.41/9.81	114.92
	R34	−21.63	0.35/7.04	144.94
	R35	−28.67	0.28/20.75	—
2021-07-03	R41	−13.00	0.43/21.09	54.71
	R42	−10.67	0.36/18.13	78.75
	R43	−24.00	0.34/17.73	28.71
	R44	−12.13	0.20/14.30	126.77
	R45	−13.33	0.34/14.04	34.22
	R46	−15.80	0.30/8.78	—
平均值		19.80	0.37/19.89	81.76
中位数		15.80	0.36/18.13	78.75
2021-08-06	R51	−66.08	6.16/23.52	15.77
	R52	−37.83	7.60/34.77	—

（1）电流幅值范围为10.67~33.50 kA，平均值为19.80 kA，中位数为15.80 kA，与中国气象局雷电野外科学试验基地的106次人工引雷历史试验数据的平均值（16.11 kA）接近。

（2）波前时间为0.20~0.68 μs，平均值为0.37 μs，中位数为0.36 μs，略小于106次人工引雷试验测量得到的历史数据平均值0.43 μs。

（3）半峰值时间为4.73~42.60 μs，平均值为19.89 μs，中位数为18.13 μs，与106次人工引雷试验测量得到的历史数据平均值18.94 μs接近。

（4）时间间隔为8.02~149.61 ms，平均值为81.76 ms，中位数为78.75 ms，大于106次人工引雷试验测量得到的历史数据平均值46.71 ms。

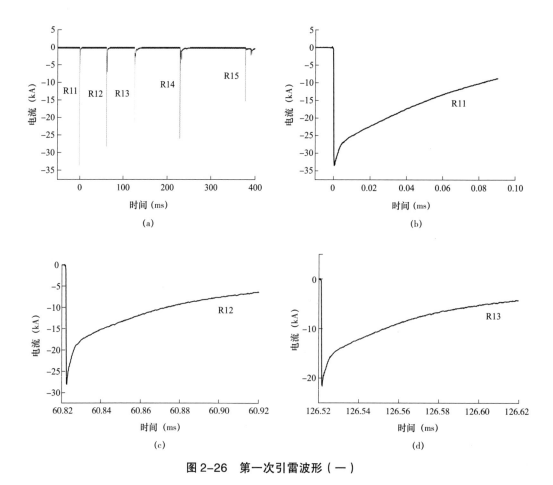

图 2-26　第一次引雷波形（一）

（a）第一次引雷整体波形；（b）第一次引雷第一次回击波形；（c）第一次引雷第二次回击波形；
（d）第一次引雷第三次回击波形

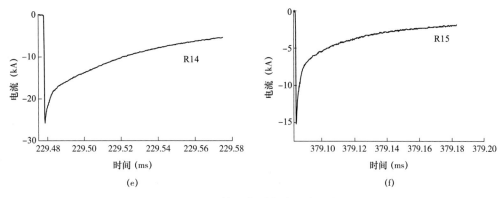

(e)   (f)

图 2-26　第一次引雷波形（二）

（e）第一次引雷第四次回击波形；（f）第一次引雷第五次回击波形

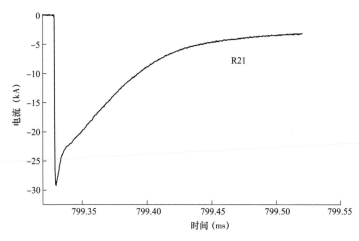

图 2-27　第二次引雷波形

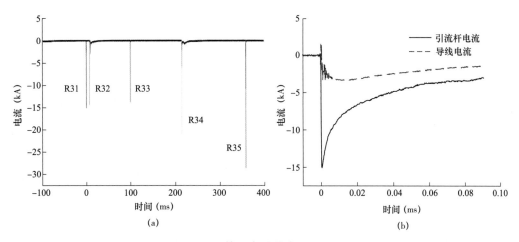

(a)   (b)

图 2-28　第三次引雷波形（一）

（a）第三次引雷整体波形；（b）第三次引雷第一次回击波形

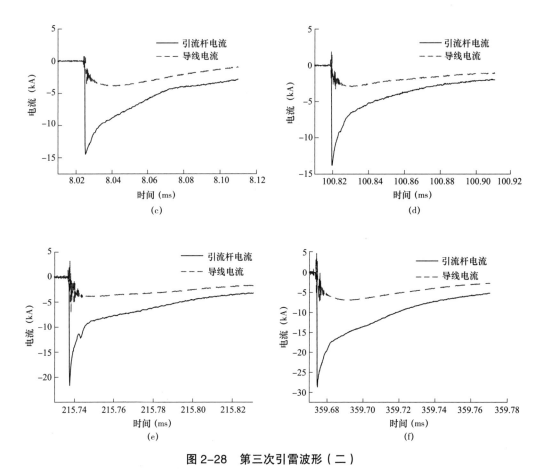

图 2-28 第三次引雷波形（二）

（c）第三次引雷第二次回击波形 ； （d）第三次引雷第三次回击波形 ； （e）第三次引雷第四次回击波形 ；
（f）第三次引雷第五次回击波形

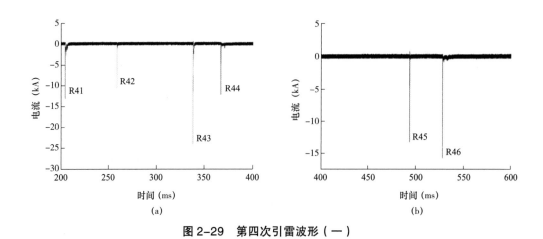

图 2-29 第四次引雷波形（一）

（a）第四次引雷整体波形第一部分 ； （b）第四次引雷整体波形第二部分

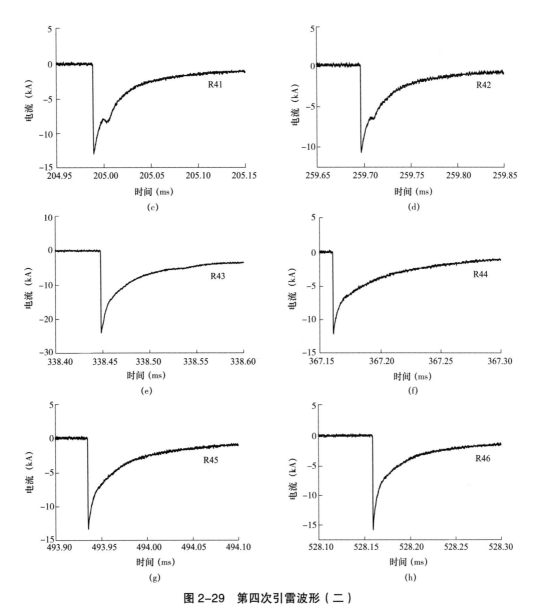

图 2-29　第四次引雷波形（二）

（c）第四次引雷第一次回击波形；（d）第四次引雷第二次回击波形；（e）第四次引雷第三次回击波形；
（f）第四次引雷第四次回击波形；（g）第四次引雷第五次回击波形；（h）第四次引雷第六次回击波形

2. 雷电流波形拟合

基于试验与仿真结果，建立连续雷击的雷电流波形和参数的等效模型，作为变电站设备雷电过电压仿真计算的雷电流激励输入条件。

为此，首先分别采用如式（2-7）所示的 Heidler 波和式（2-8）所示的双指数波对回击电流波形进行拟合。

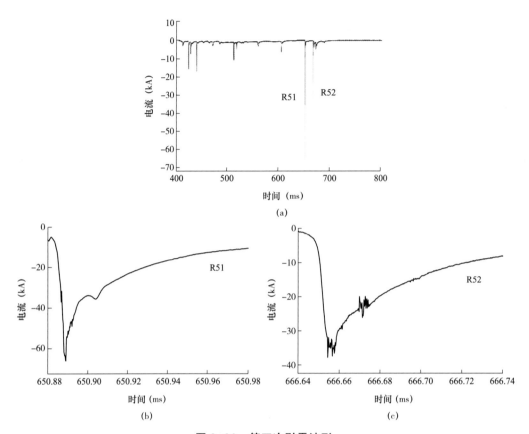

图 2-30 第五次引雷波形

（a）第五次引雷整体波形；（b）第五次引雷第一次回击波形；（c）第五次引雷第二次回击波形

$$I(t) = I_{01} \frac{\left(\dfrac{t}{\tau_{11}}\right)^n}{1 + \left(\dfrac{t}{\tau_{11}}\right)^n} e^{-\frac{t}{\tau_{12}}} \qquad (2-7)$$

式中：$I(t)$ 为回击电流函数，kA；t 为时间，μs；τ_{11} 和 τ_{12} 为电流时间常数，μs；I_{01} 为电流峰值，kA；n 为电流陡度因子，一般取 10。

$$I(t) = I_{02}\left(e^{-\frac{t}{\tau_{21}}} - e^{-\frac{t}{\tau_{22}}}\right) \qquad (2-8)$$

式中：$I(t)$ 为回击电流函数，kA；t 为时间，μs；τ_{21} 和 τ_{22} 为电流时间常数，μs；I_{02} 为电流峰值，kA。

以第三次引雷为例，拟合效果如图 2-31 所示，可以看出，单独用上述两种函数波模拟，与真实测量的后续回击波形的差别均较大。

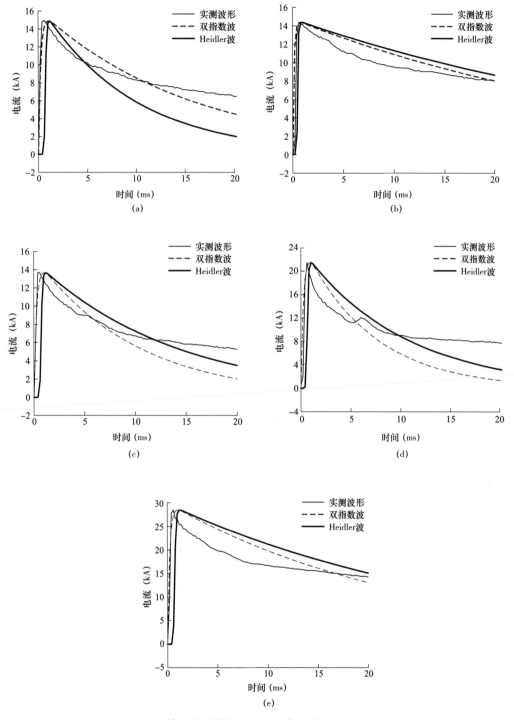

图 2-31　第三次引雷各后续回击电流波形及其函数拟合

（a）第一次回击总电流波形；（b）第二次回击总电流波形；（c）第三次回击总电流波形；

（d）第四次回击总电流波形；（e）第五次回击总电流波形

**变电站设备连续雷击风险
和保护配置优化**

为解决上述问题，采用由Nucci提出的复合函数表达式（2-9）来模拟回击电流函数，通过改变复合函数的各参数取值，使模型电流波形尽可能与引流杆雷电流实测波形相符

$$I(t) = I_{01} \frac{\left(\dfrac{t}{\tau_{11}}\right)^n}{1 + \left(\dfrac{t}{\tau_{11}}\right)^n} e^{-\frac{t}{\tau_{12}}} + I_{02}\left(e^{-\frac{t}{\tau_{21}}} - e^{-\frac{t}{\tau_{22}}}\right) \quad （2-9）$$

式中：$I(t)$为回击电流函数，kA；t为时间，μs；τ_{11}和τ_{12}为电流上升时间常数，μs；τ_{21}和τ_{22}为电流衰减时间常数，μs；I_{01}和I_{02}为电流峰值，kA；n为电流陡度因子，一般取2。

以第三次引雷为例，拟合的参数和相对误差如表2-23所示，模拟结果与实测雷电流波形相对误差都小于等于3%；其中第二个回击的波形比较如图2-32所示。

表 2-23　雷电流复合函数电流拟合参数设置

编号	I_{01}（kA）	τ_{11}（μs）	τ_{12}（μs）	τ_{11}（μs）	τ_{12}（μs）	相对误差（%）
R31	−14.12	0.04	8.32	10.89	67.14	1.34
R32	−15.30	0.09	6.04	10.98	30.67	2.18
R33	−14.10	0.17	6.49	16.38	26.61	2.68
R34	−18.93	0.04	6.00	16.36	35.84	1.85
R35	−31.23	0.22	2.33	1.99	74.07	1.92

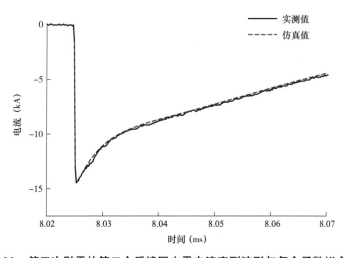

图 2-32　第三次引雷的第二个后续回击雷电流实测波形与复合函数拟合波形

2.2.6.4 雷电流测量与雷电定位系统的比对分析

1. 雷电定位系统数据收集

人工引雷过程中，通过在引雷入地回路中的引流杆下面直接串联精密电阻（同轴分流器）测量闪电电流，电流信号通过 EO/OE 光纤传输，并直接由 HBM 系统记录，可以准确地获取每个回击雷电流的幅值和波形信息。

以本次人工引雷试验回击电流数据作为基准，按照地域和 GPS 时间同步的原则，对雷电定位系统测量数据进行检索筛选，将回击电流幅值进行比较，以校验雷电定位系统对回击电流幅值测量的准确性。

在广东省雷电定位系统中查询从化引雷试验场经纬度（113.595533，23.638640）周围半径 5 km 内的雷电信息，并收集从化引雷场引雷时刻前后 5 min 内的雷电信息，如图 2-33 所示。

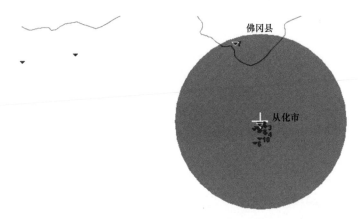

图 2-33　雷电定位系统中在引雷时刻前后 5 min 内周围 5 km 内雷电信息示例图

本次人工引雷试验共计 17 次回击数据，在雷电定位系统中寻找相应的雷电信息，汇总如表 2-24 所示，雷电定位系统中有 15 次回击数据与之对应，且雷电定位系统中的雷击时间与人工引雷试验时间保持一致。

2. 人工引雷试验与雷电定位系统的雷电流幅值对比

从表 2-25 的统计可以看出，本次人工引雷试验共 15 次对应回击数据中，雷电定位系统电流幅值数据与人工引雷试验数据的相对误差绝对值在 2.91%~39.35% 范围内，算术平均数为 16.32%，中位数为 13.55%，上述统计数据与广东省防雷中心陈绿文等对 2008~2011 年 21 次人工引雷回击数据进行雷电定位系统和人工引雷试

表 2-24　人工引雷试验数据与其对应雷电定位系统数据

人工引雷试验数据				雷电定位系统信息	
引雷日期	引雷时刻	回击数	电流幅值（kA）	电流幅值（kA）	雷击时间
2021-05-29	17时28分42.343秒	5	-33.5	-35.2	17时28分42.343秒
	17时28分42.404秒		-28.08	-25.1	17时28分42.404秒
	17时28分42.469秒		-21.63	-20.7	17时28分42.469秒
	17时28分42.572秒		-25.75	-25	17时28分42.572秒
	17时28分42.722秒		-15.17	-9.2	17时28分42.722秒
2021-05-31	15时20分18.565秒	1	-29.25	-33.4	15时20分18.565秒
2021-06-14	12时01分21.024秒	5	-15.08	-12.1	12时01分21.024秒
	12时01分21.032秒		-14.46	-12.5	12时01分21.032秒
	12时01分21.125秒		-13.79	-9.5	12时01分21.125秒
	12时01分21.240秒		-21.63	-13.6	12时01分21.240秒
	12时01分21.384秒		-28.67	-27.7	12时01分21.384秒
2021-07-03	15时34分32.184秒	6	-13	-11.1	15时34分32.184秒
	15时34分32.239秒		-10.67	—	—
	15时34分32.317秒		-24	-22	15时34分32.317秒
	15时34分32.346秒		-12.13	—	—
	15时34分32.473秒		-13.33	-11.9	15时34分32.473秒
	15时34分32.507秒		-15.8	-11.1	15时34分32.507秒

验的电流幅值数据校正结果（相对误差绝对值在0.4%~42%范围内，算术平均数为16.3%，中位数为19.1%）较为接近。

表 2-25　人工引雷试验电流幅值数据与其对应雷电定位系统数据

回击序号	人工引雷幅值（kA）	雷电定位系统雷电流幅值（kA）	相对误差（%）	误差绝对值（%）
1	−33.5	−35.2	5.07	5.07
2	−28.08	−25.1	−10.61	10.61
3	−21.63	−20.7	−4.30	4.30
4	−25.75	−25	−2.91	2.91
5	−15.17	−9.2	−39.35	39.35
6	−29.25	−33.4	14.19	14.19
7	−15.08	−12.1	−19.76	19.76
8	−14.46	−12.5	−13.55	13.55
9	−13.79	−9.5	−31.11	31.11
10	−21.63	−13.6	−37.12	37.12
11	−28.67	−27.7	−3.38	3.38
12	−13	−11.1	−14.62	14.62
13	−24	−22	−8.33	8.33
14	−13.33	−11.9	−10.73	10.73
15	−15.8	−11.1	−29.75	29.75

统计结果表明，相对误差绝对值算术平均数和中位数数值均不大，说明当前雷电定位系统测量反演雷电流幅值的精度较高。

2.3　连续雷击雷电流等效模型库

⚡ 2.3.1　目的

建立连续雷击雷电流的等效模型库，包括不同回击频次下等效雷电流波形和参数，作为等效雷电流激励源输入条件，在仿真模型中直击输电线路塔顶、避雷线或

者绕击导线后，在不同电压等级的变电站出线线路上形成雷电侵入波。

基于雷电定位系统多年数据、连续雷击引发变电站设备故障的雷电数据和人工引雷试验数据，经过统计分析和仿真验证，初步得到较为可信的广东地区雷电参数和连续雷击后续回击波形。在此基础上，继续探讨主放电（首次回击）的波形特征，进一步完善连续雷击雷电流的等效模型库。

由于在自然界地闪中，负极性地闪占主导地位，因此连续雷击雷电流等效模型库主要针对负极性地闪。

⚡ 2.3.2　首次回击波形

雷电定位系统无法提供连续雷击雷电流波形特征，而人工引雷只能提供连续雷击后续回击雷电流波形特征。为此，首次回击（主放电）波形只能通过真实雷电测量得到，如高大建筑物或引雷塔观测。

相关文献和标准对于连续雷击雷电流波形的描述如表2-26所示，文献大多利用Heidler函数和相关波形参数模拟雷电流波形。

表 2-26　连续雷击的首次回击雷电流波形统计结果对比

数据来源		上升沿时间（μs）		半峰值时间（μs）	
		算术平均值	几何平均值	算术平均值	几何平均值
广州（负极性下行地闪）		32.5	28.5	131.1	119.6
广州	≤200m	3.8	3.1	38.1	32.5
	>200m	28.3	22.7	119.8	110.5
大兴安岭	负极性	—	1.9	11.0	5.6
	正极性	—	4.5	16.7	13.6
北京	负极性	2.4	—	5.3	3.7
	正极性	4.2	—	6.2	4.8
IEC 62305-1.Ed.1、GB 50057—2010	负极性	1		200	
	正极性	10		350	
瑞士	Berger et al.（样本数101）	5.5		75.0	
	Anderson et al.（样本数80）	5.63		77.5	
巴西	Visacro et al.（样本数31）	7.0		53.5	
日本	Takamin et al.（样本数31）	4.8		36.5	

国外关于自然雷击雷电流的直接测量开展了多次试验研究。开展时间最早的为 Berger et al. 于 1975 年在瑞士卢加诺蒙圣萨尔瓦多两个 70 m 高的塔顶部分分流电阻器测得 101 个下行负地闪（包含 236 个回击）的闪电电流参数特征，其中首次回击的波形特征中值为 5.5/75.0 μs。而 Anderson et al. 认为 Berger et al. 给出的雷电流上升时间可能被低估，因此对 Berger et al. 的数据进行重新统计分析，并对回击电流波形图进行数字化，确定了额外的波前参数，提出首次回击的波形特征中值为 5.63/77.5 μs。

Visacro et al. 于 1985~1998 年 13 年间，在巴西内罗哈利桑特附近的 Cachibo 塔（60 m 高度）的塔基处用皮尔森线圈测得 31 个下行负地闪（包含 80 个回击）的闪电电流参数特征，测得首次回击的波形特征中值为 7.0/53.5 μs。

Takamin et al. 于 1994~2004 年间，在日本 500 kV 输电线路的 60 基杆塔（塔高在 40~140 m 之间，平均为 90 m）上测量雷击电流波形，共采集了 120 个负极性首次回击的电流波形，这是目前采集到负极性首次回击的最大样本，首次回击的波形特征中值为 4.8/36.5 μs。

佛罗里达大学 Rakov et al. 在 2013 年国际大电网会议 CIGRE 中对雷电参数的工程应用作出报告指出当前推荐的雷电流波形主要由 Anderson et al. 对 Berger et al. 重新统计的数据给出，并且该参数现已应用于 CIGRE Documengt 63 *Guide to Procedures for Estimating the Lightning Performance of Transmission Lines* 和 IEEE Std 1410–2010 *IEEE Guide for Improving the Lightning Performance of Electric Power Overhead Distribution Lines*。

我国当前对自然雷击雷电流的直接测量研究方面鲜有报道，主要采用回击光脉冲波形和回击电场波形对回击电流波形进行反演推算，相关性较好，但不能完全体现回击电流波形特征。如黄晓磊等对广州地区 60 次负极性下行闪电首次回击光脉冲过程进行统计，结果表明首次回击光脉冲波前时间为 6.5~82.0 μs，算术平均值为 32.5 μs，几何平均值为 28.5 μs，中位数为 31.4 μs；半峰值宽度为 44.1~298.0 μs，算术平均值为 131.1 μs，几何平均值为 119.6 μs，中位数为 117.0 μs。上述数值跟国外统计的回击电流波形特征相差较大。

陈绿文等统计了 2009~2012 年广州不同高度建筑物下行地闪回击的光脉

冲数据，发现接地点高度大于 200 m 的 13 次首次回击光脉冲波前时间平均值为 28.3 μs，接地点高度小于 200 m 的 17 次首次回击光脉冲波前时间平均值为 3.8 μs，呈现接地点离地面越高，波前时间越大。合理的解释是，雷电流波形是基于雷击接地良好的理想导体（接地电阻为零）而定义的，雷击高处相当于雷击末端接地的长导体，雷电流入地时相当于地中反射一个相反极性的电流波，与原电流波抵消，客观上将电流波拉长了，这一点与 2.4 节人工引雷试验中末端接地的模拟线路上的雷电流传播特性相似，从沿线雷电流波形拉长的测量结果中得到佐证。

因此，高度较低处录得的雷电流波形（波前时间平均值为 3.8 μs）更为真实。

国内外已有关于连续雷击的标准，主要是针对负极性雷电，IEC 62305-1.Ed.1 *Protection Against Lightning Part1: General principles* 给出了连续雷击的负极性首次回击推荐波形为 1/200 μs，后续回击为 0.25/100 μs，我国 GB 50057—2010《建筑物防雷设计规范》与 IEC 标准一致，当前我国连续雷击防护计算主要采用此标准。

综上所述，当前关于自然雷击雷电流波形的直接测量研究主要集中在国外，以 Anderson et al. 对 Berger et al. 重新统计的数据作为雷电流波形权威代表数据，而我国关于此方面的研究较少。

⚡ 2.3.3　连续雷击等效电源模型的依据

综合前面分析，提出的连续雷击等效电源模型的依据如下：

（1）雷电流峰值和时间间隔：根据雷电定位系统 2010~2021 年 8755466 次负极性连续雷击统计数据，如 2.2 节连续雷击参数统计分析所述。

（2）首次回击雷电流波形：鉴于当前我国并未获取较为权威可信的连续雷击首次回击波形数据，因此参考 IEC 推荐首次回击波形，波形数据为 1/200 μs。

（3）雷电流后续回击波形：参考与雷电定位系统进行对比的人工引雷试验波形数据，如 2.2.6 节人工引雷后续回击雷电流波形特征统计分析所述。

⚡ 2.3.4　不考虑频次影响的连续雷击等效电源模型

不考虑频次影响的连续雷击等效电源模型的典型模型如表 2-27 所示，其中雷电流幅值、回击频次和回击时间间隔用中位数表示，后续回击波形参数用几何平均值进行表示。

表 2-27　不考虑频次影响的连续雷击典型模型

回击类型	幅值（kA）	波形参数（μs）	波形形式	时间间隔（ms）	频次
首次回击	-34	1/200	Heidler	72	4
后续回击	-24	0.36/17.07	复合函数	—	

IEC 62305-1.Ed.1*Protection Against Lightning Part1: General principles* 用雷电流幅值概率分布规定了三种雷电防护等级 LPL，其中 LPL Ⅰ 对应的是概率不超过 1% 的电流幅值，LPL Ⅱ 对应的是概率不超过 2% 的电流幅值，LPL Ⅲ 对应的是概率不超过 5% 的电流幅值，而 GB 50057—2010《建筑物防雷设计规范》根据 IEC 62305-1.Ed.1 的 LPL 雷电防护等级将防雷建筑物分为三类。

在雷电防护等级 LPL 的基础上，运用 2.2.5 节负极性连续雷击雷电流幅值概率分布公式[式（2-10）]，并在人工引雷试验波形中参考最短的雷电流波前时间和最长的半峰值时间，提出对设备影响较为严重的连续雷击雷电流等效模型，如表 2-28 所示。

$$\begin{cases} P = \dfrac{1}{1+\left(I/36.6\right)^{2.7}}, \ \text{首次回击} \\ P = \dfrac{1}{1+\left(I/27.5\right)^{2.8}}, \ \text{后续回击} \end{cases} \tag{2-10}$$

表 2-28　不考虑频次影响的连续雷击严苛模型

回击类型	防护等级	幅值（kA）	波形参数（μs）	波形形式	时间间隔（ms）	频次
首次回击	LPL Ⅰ	-201	1/200	Heidler	72	
	LPL Ⅱ	-155				
	LPL Ⅲ	-109				4
后续回击	LPL Ⅰ	-142	0.2/42.6	复合函数	—	
	LPL Ⅱ	-110				
	LPL Ⅲ	-79				

⚡ 2.3.5　不同频次的连续雷击等效电源模型

占主流的频次为 2~5 的连续雷击等效电源典型模型如表 2-29 所示，其中雷电流

**变电站设备连续雷击风险
和保护配置优化**

幅值、回击频次和回击时间间隔用中位数进行表示，后续回击波形参数用几何平均值进行表示；以频次为2和3为例，典型雷电流波形如图2-34和图2-35所示，其余频次的雷电流波形同理。

表 2-29　频次为 2~5 的连续雷击典型模型

频次	回击类型	幅值（kA）	波形参数（μs）	波形形式	时间间隔（ms）
2	首次回击	−32	1/200	Heidler	93
	后续回击	−26	0.48/27.00	复合函数	—
3	首次回击	−38	1/200	Heidler	70
	后续第一次回击	−29	0.48/27.00	复合函数	86
	后续第二次回击	−27	0.35/22.46	复合函数	—
4	首次回击	−42	1/200	Heidler	66
	后续第一次回击	−31	0.48/27.00	复合函数	66
	后续第二次回击	−29	0.35/22.46	复合函数	90
	后续第三次回击	−26	0.37/16.58	复合函数	—
5	首次回击	−45	1/200	Heidler	62
	后续第一次回击	−32	0.48/27.00	复合函数	61
	后续第二次回击	−31	0.35/22.46	复合函数	69
	后续第三次回击	−28	0.37/16.58	复合函数	94
	后续第四次回击	−25	0.31/13.88	复合函数	—

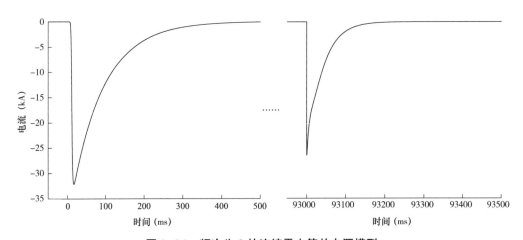

图 2-34　频次为 2 的连续雷击等效电源模型

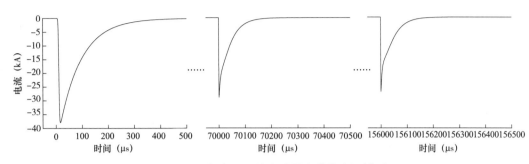

图 2-35　频次为 3 的连续雷击等效电源模型

⚡ 2.3.6　不同频次的严苛连续雷击等效电源模型

对于 2~5 次的连续雷击主流频次，运用 2.2.5 节负极性连续雷击雷电流幅值概率分布公式，见式（2-11）~式（2-14），并在人工引雷试验波形中参考最短的雷电流波前时间和最长的半峰值时间，提出对设备影响较为严苛连续雷击雷电流模型，如表 2-30 所示；以频次为 2 和 3 为例，并考虑最高防护等级 LPLI，连续雷击严苛雷电流模型如图 2-36 和图 2-37 所示，其余频次的雷电流波形同理。

$$\begin{cases} P = \dfrac{1}{1+\left(I/32.7\right)^{2.8}}, & \text{首次回击} \\[3mm] P = \dfrac{1}{1+\left(I/26.5\right)^{3.3}}, & \text{后续第一次回击} \end{cases} \tag{2-11}$$

$$\begin{cases} P = \dfrac{1}{1+\left(I/38.5\right)^{2.7}}, & \text{首次回击} \\[3mm] P = \dfrac{1}{1+\left(I/28.9\right)^{3.4}}, & \text{后续第一次回击} \\[3mm] P = \dfrac{1}{1+\left(I/26.9\right)^{3.1}}, & \text{后续第二次回击} \end{cases} \tag{2-12}$$

$$\begin{cases} P = \dfrac{1}{1+\left(I/42.6\right)^{2.6}}, & \text{首次回击} \\[3mm] P = \dfrac{1}{1+\left(I/31.0\right)^{3.3}}, & \text{后续第一次回击} \\[3mm] P = \dfrac{1}{1+\left(I/28.8\right)^{3.3}}, & \text{后续第二次回击} \\[3mm] P = \dfrac{1}{1+\left(I/26.5\right)^{3.0}}, & \text{后续第三次回击} \end{cases} \tag{2-13}$$

$$\begin{cases} P = \dfrac{1}{1+\left(I/45.5\right)^{2.5}}, \ \text{首次回击} \\[2mm] P = \dfrac{1}{1+\left(I/31.8\right)^{3.3}}, \ \text{后续第一次回击} \\[2mm] P = \dfrac{1}{1+\left(I/30.9\right)^{3.3}}, \ \text{后续第二次回击} \\[2mm] P = \dfrac{1}{1+\left(I/28.1\right)^{3.1}}, \ \text{后续第三次回击} \\[2mm] P = \dfrac{1}{1+\left(I/25.2\right)^{3.0}}, \ \text{后续第四次回击} \end{cases} \tag{2-14}$$

表 2-30 不同频次的连续雷击严苛模型

频次	回击类型	防护等级	幅值（kA）	波形参数（μs）	波形形式	时间间隔（ms）
2	首次回击	LPL I	−169	1/200	Heidler	93
		LPL II	−131			
		LPL III	−94			
	后续第一次回击	LPL I	−107	0.40/42.6	复合函数	—
		LPL II	−86			
		LPL III	−65			
3	首次回击	LPL I	−211	1/200	Heidler	70
		LPL II	−163			
		LPL III	−115			
	后续第一次回击	LPL I	−112	0.40/42.6	复合函数	86
		LPL II	−91			
		LPL III	−69			
	后续第二次回击	LPL I	−118	0.28/26.4	复合函数	—
		LPL II	−94			
		LPL III	−70			
4	首次回击	LPL I	−249	1/200	Heidler	66
		LPL II	−190			
		LPL III	−132			

续表

频次	回击类型	防护等级	幅值（kA）	波形参数（μs）	波形形式	时间间隔（ms）
4	后续第一次回击	LPL Ⅰ	−125	0.40/42.6	复合函数	66
		LPL Ⅱ	−101			
		LPL Ⅲ	−76			
	后续第二次回击	LPL Ⅰ	−116	0.28/26.4	复合函数	90
		LPL Ⅱ	−94			
		LPL Ⅲ	−70			
	后续第三次回击	LPL Ⅰ	−123	0.34/26.2	复合函数	—
		LPL Ⅱ	−97			
		LPL Ⅲ	−71			
5	首次回击	LPL Ⅰ	−286	1/200	Heidler	62
		LPL Ⅱ	−216			
		LPL Ⅲ	−148			
	后续第一次回击	LPL Ⅰ	−128	0.40/42.6	复合函数	61
		LPL Ⅱ	−103			
		LPL Ⅲ	−78			
	后续第二次回击	LPL Ⅰ	−124	0.28/26.4	复合函数	69
		LPL Ⅱ	−100			
		LPL Ⅲ	−75			
	后续第三次回击	LPL Ⅰ	−124	0.34/26.2	复合函数	94
		LPL Ⅱ	−99			
		LPL Ⅲ	−73			
	后续第四次回击	LPL Ⅰ	−117	0.20/26.6	复合函数	—
		LPL Ⅱ	−92			
		LPL Ⅲ	−67			

针对典型线路侧断路器、线路侧避雷器和变压器连续雷击故障案例的连续雷击雷电流波形分别见3.2、3.4.3节和3.6节。

⚡ 2.3.7 回击间的连续电流

2.3.7.1 连续电流的影响

连续雷击的首次回击（主放电）之后，在后续回击发生之前，往往伴随着连续

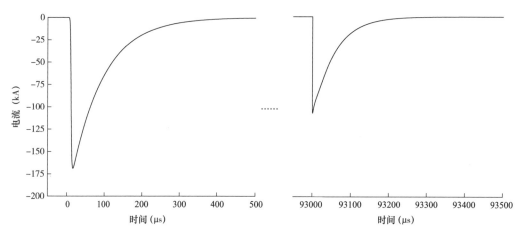

图 2-36　频次为 2 的连续雷击严苛等效电源模型

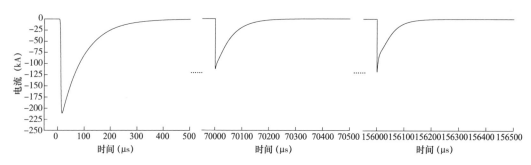

图 2-37　频次为 3 的连续雷击严苛等效电源模型

电流过程，回击放电通道内仍然存在着数百安，甚至千安量级的电流，持续时间约为数十到数百毫秒。

连续电流幅度较低，因而其对电气设备的损坏效果往往被忽略，但其持续时间较长，其转移电荷量和能量远大于回击。

连续电流的影响可以借鉴光纤复合架空地线（OPGW）雷击损坏原因分析的研究成果。

多年以来，OPGW 在运行中遭受雷击损坏事故在国内外均有报道，其机理有：

（1）热效应。主要是对含有金属材料的光缆，它是由于电弧和雷电流通过金属元件而进入大地的热效应而引起燃烧、放电，并使各种元构件熔化，主要表现为外层股线被雷电熔化形成熔斑。

（2）击坏护套，使其变形，反映了强烈冲击的效果。OPGW 与架空地线遭受雷击后的损坏现象类似，主要表现为外层股线被雷电熔化形成熔斑或熔断（断股）。

自然界中的雷电放电基本上包括两种最基本的电流形式：脉冲冲击电流和长时连续电流。

脉冲冲击电流幅值高（数十千安到数百千安），但持续时间短（数十微秒到数百微秒）。脉冲冲击电流通常只会引起金属导线表面熔化，深度为零点几毫米。虽然，在雷电弧的落雷点处会达到很高温度，有时温度甚至会超过金属的熔化点，但是由于金属的热传导性有限，在雷电脉冲冲击电流作用较短的情况下（小于1 ms），热量来不及深入金属材料内部，不会使内部金属材料熔化。因此，脉冲冲击电流危害性为引起熔化金属的熔斑的面积大（通常宽度为数厘米），但是熔斑的深度浅（为零点几毫米）。

长时连续电流大致为直流电流，它的幅值低（为数百安），但是持续时间长（为数毫秒）。雷电长时连续电流的作用时间相对更长，会达到零点几秒。这样，热量就会深入到金属材料内部，引起深层金属熔化。因此，与脉冲冲击电流引起的金属熔斑不同，长时连续电流引起的熔斑的面积小（通常宽度为1cm），但是熔斑的深度很深，可能会导致OPGW的股线熔化断裂。分析认为，长时连续电流是引起OPGW光缆熔化的主要原因。

参见图1-2：

（1）A部分仅仅是初始冲击，使温度达到雷击试验所需起始温度，对OPGW几乎无损害。

（2）B部分起迅速熔断熔丝及保证5 cm的间隙从而触发电弧的作用。

（3）C部分是一个较低水平的直流脉冲，但持续时间较长，电荷转移最大，对OPGW的损伤最大。连续电流越大（电荷的转移量越多），断股的数量则越多。

（4）D部分的电流幅值与A部分接近，用于模拟二次脉冲。

雷击考验的是外层每一根单丝的瞬间耐高温能力，若OPGW的外层单丝熔点较低，且雷击接触面积较小的话，由雷击电弧弧根产生的瞬间高温可能就会熔蚀外层单丝甚至熔断。

所有OPGW断股都是在雷击电弧高温下完全熔断或者在熔融状态下拉伸断裂，然而剩余的OPGW股线仍有足够的强度以支撑OPGW正常运行的必要张力，因此OPGW本身并没有发生断裂。

雷击形成的电弧高温是造成OPGW断股的外因，而OPGW单线熔点偏低则是造成断股的内因。

短持续时间和长持续时间雷击对光缆的影响有较大不同，短持续时间雷击回击电流（即便达到200 kA）不足以使线缆发生断线断股损伤。无论线缆的材料怎么样或者股线直径如何，长持续时间雷击总会导致线缆断裂过程的发生，且随着电荷转移量的增加而更加严重。

2.3.7.2 人工引雷试验的连续电流波形

人工引雷试验对典型回击电流波形的测量结果显示，回击电流波形的波尾部分与我们常用的推荐波形下降部分存在显著差别，其初期下降比较快，之后下降比较缓慢，如果简单地采用上升时间/半峰时间对回击波形进行模拟的话，会导致回击波形总的持续时间远小于实测回击电流波形的持续时间。

图2-38给出两次典型的人工引雷回击电流的放大波形，可以看到，有些回击的持续时间较长（见图2-38超过1.5 ms），而有些回击之后还有持续时间较长的连续电流过程（见图2-39），其幅值有的甚至能够超过5 kA。

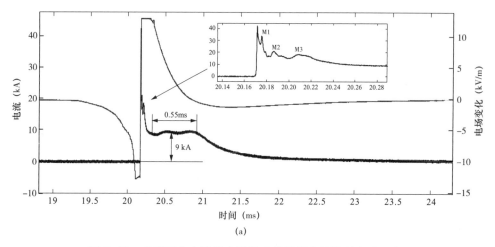

图2-38 典型回击电流放大波形（蓝线是电流波形）（一）

（a）第一次

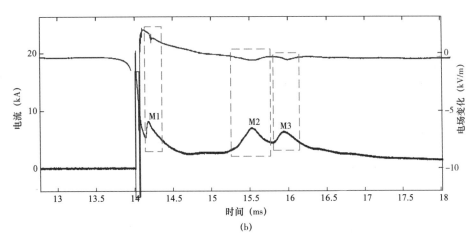

图 2-38 典型回击电流放大波形（蓝线是电流波形）（二）

（b）第二次

图 2-39 所示为典型的人工引雷实测长波尾雷电流波形，雷电流半峰值时间约为 19 μs，但回击持续时间达数毫秒以上；实际雷击过程中，雷电流存在 B、C 分量，B 分量模拟中间电流，电流幅值为 2（±20%）kA，持续时间 5（±10%）ms，C 分量模拟自然闪电中云对地放电中的持续电流，电流幅值在 200~800 A 之间，持续时间在 0.25~1 s 之间；由于雷电长波尾波形和 B、C 分量的存在，使得避雷器承受雷电过电压过程中，吸收的能量增加。

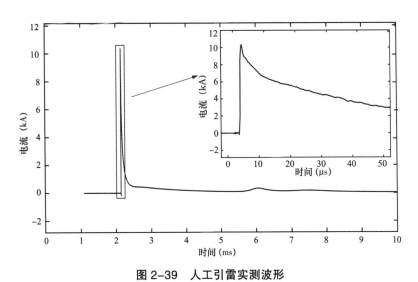

图 2-39 人工引雷实测波形

2.3.7.3 对两次回击之间的连续电流处理

就连续雷击对变电站设备的影响而言，分成两种故障类型：

（1）绝缘风险。主要体现在脉冲过程对线路侧断路器断口绝缘气体绝缘强度、设备主绝缘和线圈类设备的匝间绝缘影响，敏感参数是回击电流幅值和波头时间，连续电流幅值较低，对绝缘累积效应的影响可以忽略，连续雷击电流波形模拟可不考虑两次回击之间的连续电流。

（2）避雷器热崩溃风险。主要体现在线路侧避雷器在连续雷击过程中短时间累计吸收能量可能超过能量吸收能力，由于能量吸收为避雷器端部电压和流过电流的乘积对时间的积分，连续电流幅值虽然较低，但持续时间较长，理论上可产生一定的热效应，连续电流不应忽略。因此，对线路侧避雷器能量吸收计算时，连续雷击等效电流源可以采用多次回击脉冲和回击之间幅值为数百安的直流电流的组合波形来模拟。

2.4 雷电侵入波的电流和电压分布特性测量

2.4.1 试验目的

对变电站设备的雷击防护来说，最关心的是沿线路的雷电侵入波的特性，雷电流需要经历击中导线、塔顶或避雷线后的转换环节，才能形成雷电侵入波。因此，除了了解连续雷击的首次回击（主放电）与后续回击电流参数和波形之外，最终需要了解的是沿输电线路导线雷电侵入波的雷电流波形特征和沿导线雷电过电压分布特征，为雷电防护和绝缘配合优化提供基础资料。

对于输入雷电流后输电线路上的电压和电流响应，以 EMTP 为代表的过电压计算软件，考虑输电线路中多导线之间的电磁耦合，把包括分布参数线路在内的网络等值为电阻性的暂态计算网络，通过特征线法求解雷电侵入波在输电线路传播的波过程。

利用人工引雷的试验条件，搭建模拟试验线路，在测量雷电流信号的同时，将雷电流引入到模拟架空线路，测量模拟线路沿线特征点的导线上雷电流及雷电过电压数据，以了解雷电侵入波在线路传播过程的电流和电压分布特性。在此基础上，利用电磁暂态软件PSCAD/EMTDC，建立了与真实人工引雷系统一致的电路仿真模型，对连续雷击过程的沿模拟线路的雷电流和过电压分布特性进行仿真，与试验结果对比分析以验证仿真模型的准确性，并分析仿真误差范围，进一步了解连续雷击过程中雷电侵入波的沿线行波传播特性。

⚡ 2.4.2　试验方案

图 2-40 是试验方案布置示意图，引雷点处引流杆顶端离地距离约为 6 m，引流杆经过同轴分流器沿着平台下铜编制带与接地扁钢连接，接地扁钢与试验线路相连接，接地扁钢顶端离地距离约为 1.5 m。雷电流通过引流杆分流后注入模拟试验线路，为安全起见，线路末端经 20 m 深井桩接地体接地，将流经模拟线路的雷电流泄放入大地，避免线路末端开路引起波的全反射带来对沿线设备危害的过电压。

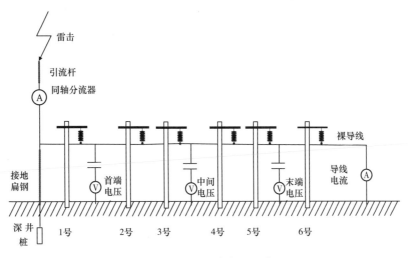

图 2-40　试验方案布置示意图

从人工引雷历史数据的连续雷击参数统计分析可知，连续雷击后续回击的平均上升沿时间低于 0.5 μs，为完整模拟后续回击波头时间内行波特性，模拟试验线路长度至少大于 150 m/2=75m，考虑到试验场地空间不足，选择在靠近场地边缘地带布置环绕型模拟试验线路，总长度约 120 m。在试验场合适的位置建设引雷塔，在引雷塔附近架设 5~6 枚火箭发射架，火箭尾部细金属丝挂在引雷塔处的雷电注入点，实现人工引雷直接击于引雷塔，图 2-41 为试验布置图。

由六个钢筋混凝土杆（记为 1~6 号杆）和 110 kV 复合悬式绝缘子架设长 120 m 的模拟试验线路，平均档距为 22 m，导线平均高度为 3.7 m，导线弧垂平均高度为 3.1 m，绝缘子长度为 1.285 m，如表 2-31 所示，图 2-42 为实景图。

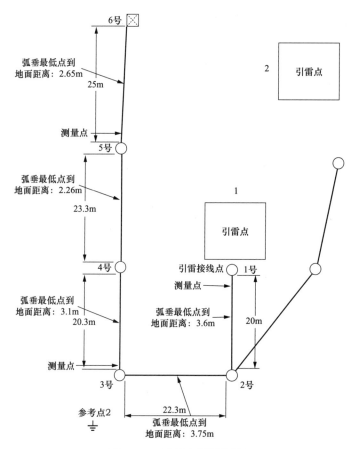

图 2-41 试验布置平面图

表 2-31 试验杆塔布置

杆塔序号	导线高度（m）	杆距（m）	弧垂（m）	导线到杆塔的水平距离（m）	接地电阻（Ω）
1	3.5	—	—	0.95	260
2	2.86	20	3.60	2.10	320
3	2.90	22.3	3.75	2.00	350
4	4.25	20.3	3.10	0.78	340
5	4.77	23.3	2.26	0.90	340
6	3.95	25	2.65	1.60	14

　　采用国际上成熟的直接测量雷电流的方法，引流杆以直接串联的方式连接同轴
分流器测量雷电流。雷电流波形由引流杆下方同轴分流器进行采集，数据由采样频
率为 5 MHz 高压隔离采集系统进行采集，然后经电光转换设备（HBM 高电压隔离

(a)

(b)

(c)

图 2-42　人工引雷试验现场实景图

（a）引雷塔；（b）接地扁钢；（c）试验线路

数字化仪）传输至控制室记录，具有高精度、高采样率、高分辨率。

　　模拟试验线路沿线设置数个导线电流测量点，导线电流信号通过变比为 1000 倍的 Pearson 脉冲电流互感器感应测得，再由高压隔离采集系统光电转换传输至控制室内记录。需要说明的是电流互感器用珍珠棉固定在线路上，珍珠棉可用于防水和绝缘，如图 2-43 所示。

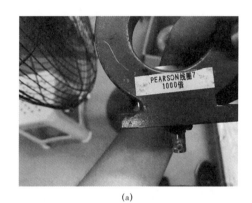

(a)　　　　　　　　　　　　(b)

图 2-43　电流测量系统

（a）Pearson 脉冲电流互感器；（b）现场实景

　　在距离引雷点 6.3 m 的 1 号杆附近导线上设置首端电压测量点，在距离引雷点 48.6 m 的 3 号杆附近导线上设置中间电压测量点，在距离引雷点 92.2 m 的 5 号杆附近导线上设置末端电压测量点，分别记为首端电压、中间电压和末端电压。

　　如图 2-44 所示，首端电压信号通过变比为 1382 倍和高压臂电容为 409.25 pF 的弱阻尼电容分压器分压；中间电压信号和末端电压信号均通过变比为 5000 倍和高压臂电容为 400 pF 的冲击分压器分压，然后这些电压信号通过 100 倍的衰减器衰减后，再由高压隔离采集系统光电转换传输至控制室内记录。为了更准确地测量导线上各点的电压，试验采用 10 kV 电压等级的绝缘电缆外引接地作为零电位参考点，首端电压测量点外引电缆长度为 38 m，中间电压测量点外引电缆长度为 10.4 m，末端电压测量点外引电缆长度为 63.9 m，在远端零电位参考点处用 40 mm×40 mm×4 mm 镀锌角钢接地。

2.4.3　基于人工引雷的模拟试验线路雷电侵入波的电流和电压分布特性

2.4.3.1　沿模拟试验线路的雷电流波形特征

　　以较有代表性的第三次人工引雷数据为例，由图 2-28 可知，在每次负极性回击的初始阶段，导线电流存在一定的振荡过程，为排除振荡过程对电流峰值统计的干扰，对导线电流数据进行了一定的平滑处理，如表 2-32 所示。

(a)   (b)

图 2-44   首端电压分压器

（a）首端电压分压器本体；（b）首端电压分压器接地角钢

（1）导线电流幅值范围为 2.92 kA（第 3 次回击）~6.94 kA（第 5 次回击），算术平均值为 4.17 kA。

（2）导线电流上升沿时间为 5.16~9.47 μs，算术平均值为 6.76 μs，比引流杆总电流平均上升沿时间（0.32 μs）大得多，说明导线分流时把雷电流的波前时间拉长了，平均陡度也减小。

（3）导线电流半峰宽度为 61.85~87.54 μs，算术平均值为 76.33 μs，比引流杆电流半峰宽度（15.21 μs）大得多，说明导线分流时把雷电流的波尾时间也拉长了；上述导线分流将雷电流的波前时间和波尾时间都拉长，这是由于雷电流传输过程中经历多段波阻抗，行波在线路上来回折反射并衰减，从而将雷电流波形拉长。

（4）导线分流系数，是指导线电流幅值与引流杆电流幅值的比值，由于引出导线与引流杆下方的接地扁钢并联，因此导线分流系数由引出导线阻抗和接地扁钢阻抗共同决定，在本次人工引雷试验中导线分流系数为 17.78%~26.38%，算术平均值为 22.33%。

表 2-32　导线雷电流特征参数

编号	电流峰值（kA）	上升沿时间（μs）	半峰宽度（μs）	平均陡度（kA/μs）	导线分流系数（%）
R31	−3.34	5.47	85.06	0.49	22.13
R32	−3.81	9.47	61.85	0.32	26.38
R33	−2.92	5.29	70.66	0.44	21.18
R34	−3.85	5.16	87.54	0.60	17.78
R35	−6.94	8.39	76.53	0.66	24.19
平均值	−4.17	6.76	76.33	0.50	22.33

2.4.3.2　沿模拟试验线路的雷电过电压分布特征

仍以第三次人工引雷数据为分析对象，雷电流在引流杆上经模拟架空线路导线和深井桩泄放入大地，5次回击的雷电过电压参数如图 2-45 和表 2-33 所示，可以看出：

（1）由于线路末端经深井桩接地，沿线电压呈现下降趋势，其中，导线首端电压幅值为 233.79~473.33 kV，算术平均值为 309.11 kV；导线中间电压幅值为 206.67~402.50 kV，算术平均值为 260.67 kV；导线末端电压幅值为 89.00~177.00 kV，算术平均值为 120.53 kV。

（2）首端电压上升沿为 0.44~0.56 μs，平均值为 0.50 μs；中间电压上升沿为 0.46~0.61 μs，平均值为 0.54 μs；末端电压上升沿为 0.20~0.41 μs，平均值为 0.35 μs；沿线各处实测的电压上升沿时间与引流杆雷电流的上升沿时间平均值（0.32 μs）相近。

表 2-33　导线雷电过电压特征参数表

编号	位置	峰值（kV）	次峰值（kV）	上升沿时（μs）	上升沿平均陡度（kV/μs）
R31	首	−248.76	−65.64	0.44	567.98
	中	−214.17	−70.00	0.57	378.05
	末	−95.00	−44.67	0.39	244.67
R32	首	−244.15	−73.71	0.56	438.94
	中	−214.17	−70.00	0.54	397.8
	末	−89.00	−45.00	0.20	453.33

续表

编号	位置	峰值（kV）	次峰值（kV）	上升沿时（μs）	上升沿平均陡度（kV/μs）
R33	首	−233.79	−58.73	0.46	505.67
	中	−206.67	−62.50	0.61	341.11
	末	−95.00	−37.33	0.37	257.57
R34	首	−345.50	−76.01	0.52	667.55
	中	−265.83	−88.33	0.46	573.82
	末	−146.67	−57.33	0.40	368.07
R35	首	−473.33	−132.44	0.54	871.19
	中	−402.50	−130.83	0.54	740.82
	末	−177.00	−78.67	0.41	432.50

出于安全考虑，模拟线路末端经深井桩接地，雷电行波传播到末端时，相当于有一个极性相反的行波反射，将在线路的电压行波上形成叠加效应，体现在电压波形在峰值电压后出现一个快速下降的过程，这个过程后电压反向形成一个次峰，然后缓慢下降到零。分析发现，电压峰值到次峰下降幅度较大，首端电压平均下降幅度为73.66%，中间电压平均下降幅度为67.73%，末端电压平均下降幅度为55.92%，越靠近导线末端，电压峰值到次峰下降幅度越小。

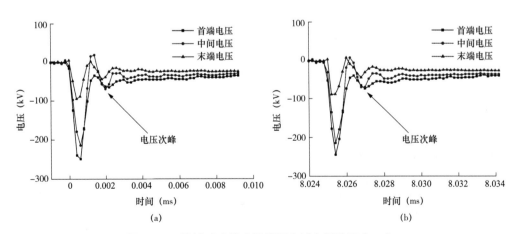

图 2-45 模拟试验线路沿线雷电过电压波形（一）

（a）R31；（b）R32

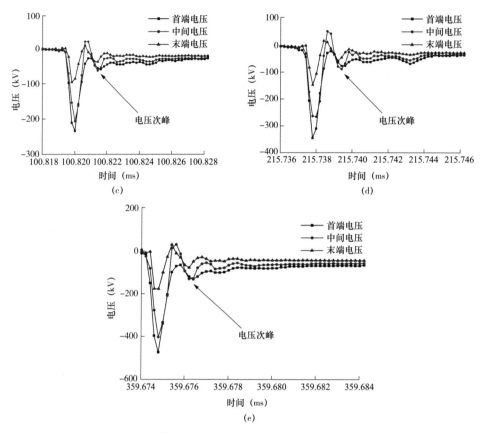

图 2-45 模拟试验线路沿线雷电过电压波形（二）

（c）R33；（d）R34；（e）R35

模拟试验线路沿线过电压幅值呈现以下特点：

（1）对于同一次回击，由图 2-46 和表 2-34 可知，越远离引雷点，雷电过电压幅值越小，且雷电过电压的衰减速度越快，可见雷电过电压沿线传播存在衰减。

（2）对于导线上同一点，影响雷电过电压幅值的因素不仅是导线电流峰值单一因素，还有导线电流平均陡度。如表 2-32 和表 2-33 所示，R32 和 R34 导线电流的幅值相近，但 R34 导线电流上升沿陡度是 R32 的 1.38 倍，导致 R34 的各电压测量点峰值分别是 R32 的 1.42、1.24 倍和 1.65 倍。

⚡ 2.4.4 仿真对比分析

2.4.4.1 仿真建模

1.导线和电缆模型

模拟试验线路长度 120 m，直流电阻 0.2254 Ω/km，而与分压器零电位点连接

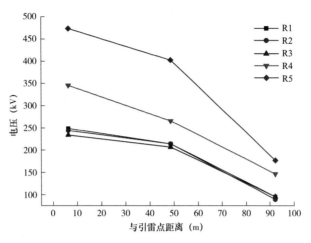

图2-46 导线上各点电压幅值对比图

表2-34 导线雷电过电压沿线衰减参数表

编号	首端－中间		中间－末端		首端－末端	
	幅值（kV）	降幅（%）	幅值（kV）	降幅（%）	幅值（kV）	降幅（%）
R31	−34.59	13.91	−119.17	55.64	−153.76	61.81
R32	−29.97	12.28	−125.17	58.44	−155.15	63.55
R33	−27.12	11.60	−111.67	54.03	−138.79	59.36
R34	−79.67	23.06	−119.17	44.83	−198.83	57.55
R35	−70.83	14.97	−225.50	56.02	−296.33	62.61

的接地电缆外径为20.90 mm，防老化聚乙烯绝缘外套包裹着12.5 mm外径的钢芯铝绞线。

雷电流波形中富含高次谐波，而线路和电缆参数受频率的影响很大，为此仿真模型中的导线和电缆均采用频率相关模型。

2.杆塔模型

试验线路用6根钢筋混凝土杆作为支撑，可以采用单一波阻抗模型，但若绝缘子未击穿，杆塔对波过程没有影响。

3.绝缘子闪络判据

杆塔与线路之间用110 kV复合悬式绝缘子作为连接和绝缘，其闪络判据可以采用CIGRE推荐的先导发展模型作为闪络判据。

4.接地阻抗模型

对于接地体，为表征由于土壤放电带来的时变特性，采用CIGRE标准提出的随冲击电流的变化而动态变化的接地阻抗模型，如式（2-15）所示

$$\begin{cases} R_{SDR} = \dfrac{R_0}{\sqrt{1 + I/I_g}} \\ I_g = \dfrac{E_c\rho}{2\pi R_0{}^2} \end{cases} \quad （2\text{-}15）$$

式中：R_{SDR} 为接地阻抗，Ω；R_0 为工频接地电阻，Ω；I 为冲击电流，kA；I_g 为临界电离电流，kA；E_c 为电离起始场强，kV/m；ρ 为土壤电阻率，$\Omega \cdot m$。

2.4.4.2　仿真结果分析

将图2-47（a）所示模拟的雷电流波形，代入上述仿真模型进行仿真计算。

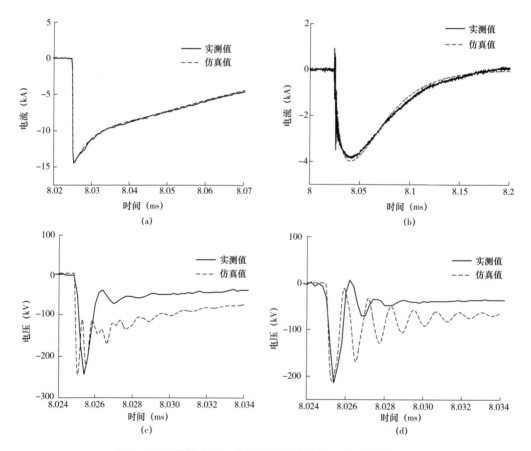

图2-47　测量的电流、电压与对应的仿真结果对比（一）

（a）引流杆电流；（b）导线电流；（c）首端电压；（d）中间电压

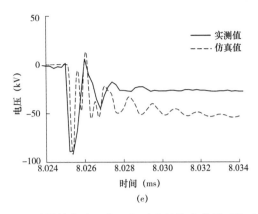

图 2-47　测量的电流、电压与对应的仿真结果对比（二）

（e）末端电压

仍以有代表性的第三次引雷（R3）为例，导线电流和各测量点电压波形对比如图 2-47（b）～（e）所示，峰值对比结果见表 2-35。

（1）6 个杆塔的绝缘子均未发生闪络。

（2）导线电流的仿真结果与实测波形整体上相符。

（3）各测量点电压波形在波前部分与实测波形比较接近，一致性较好。从峰值上看，首端电压 R33 偏差最大，达 7.97%，R32 偏差最小，达 0.11%；中间电压 R35 偏差最大，达 9.96%，R31 偏差最小，达 0.76%；末端电压 R31 偏差最大，达 9.94%，R32 偏差最小，达 2.66%。但各测量点电压波形在波尾部分相对于实测电压波形振荡更明显，衰减更慢，计算结果偏严格。

（4）电压次峰的仿真结果明显大于实测值。这种次峰现象在其他学者关于地电位抬升电压波形的研究中也出现过，可能与雷电流在接地体及其周围土壤中散流的火花效应与电感效应有关。

表 2-35　导线电流和电压仿真与实测对比

编号	首端电压		中间电压		末端电压		导线电流	
	幅值（kV）	偏差（%）	幅值（kV）	偏差（%）	幅值（kV）	偏差（%）	幅值（kA）	偏差（%）
R31	−266.74	7.23	−215.80	0.76	−104.44	9.94	−3.60	7.78
R32	−244.41	0.11	−210.28	1.82	−91.37	2.66	−3.98	3.92
R33	−252.43	7.97	−202.80	1.87	−99.73	4.98	−3.07	5.14
R34	−352.49	2.02	−283.96	6.15	−138.54	5.54	−4.00	3.90
R35	−469.12	0.89	−442.60	9.96	−161.25	8.90	−7.23	4.18

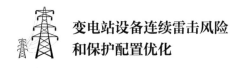

通过对人工引雷试验的仿真结果，可知该模型基本可以模拟雷击导线时沿线电压电流传播特性，导线电流波形的仿真结果与实测波形整体上相符，电压波形在波前部分与实测波形比较接近，但在波尾部分相对于实测波形振荡更明显，衰减更慢，计算结果偏严格，但误差不大，可以用于开展变电站雷电侵入波的研究。

基于人工引雷的沿线电压电流传播特性试验中，雷电流幅值较高，若在线路末端进行开路处理，将在线路末端产生电压行波的全反射，线路绝缘水平高到难以设计绝缘防护。因此，将线路末端接地亦可近似等效实际情况中连续雷击首次回击造成线路跳闸后，后续回击再次击中线路的情况，此时雷电流大部分沿线经线路侧避雷器入地，在本试验中采用线路末端接地可以模拟线路侧避雷器完全动作情况，电流将经线路末端接地电阻入地。

⚡ 2.4.5　避雷器新型放电计数器

2.4.5.1　必要性

线路侧避雷器作为变电站雷电侵入波的第一道防线，其动作情况成为变电站设备雷击故障分析和过电压保护配置优化策略中必不可少的第一手资料，尤其是"避雷器是否动作"往往是最基本的信息。

然而，传统的避雷器计数器只能记录避雷器动作次数，而不能反映流过避雷器的雷电流特征；另外，在连续雷击下，短时间（1s）内避雷器多次动作，计数器难以记录实际动作次数；此外，避雷器运行评价或故障缺陷分析，需对连续雷击下避雷器实际耐受的过电压能量进行核算，但目前没有核查手段。

针对以上不足，解决思路是采用宽频带罗氏线圈和高精度信号采样记录装置，实现连续雷击过电压下流过避雷器冲击电流幅值和波形的准确记录；系统内置高精度时钟，每次动作打上时间标签，便于与雷电定位结果对应；通过记录的冲击电流和电压波形，能够准确计算连续雷击过程中避雷器耐受能量值；结合避雷器能量耐受阈值，判断雷电冲击对避雷器影响情况。

2.4.5.2　传统机械式放电计数器存在的问题

避雷器由具有非线性伏安特性的金属氧化物电阻片串联而成，其过电压保护性能基于非线性的伏安特性，如图2-48所示，避雷器和电阻片的伏安特性大致分为两个区间，小电流所处的线性区和大电流所处的非线性区。

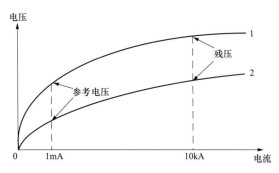

图 2-48 避雷器和电阻片的伏安特性

正常运行时，避雷器工作在呈现较高电阻的小电流线性区，在过电压作用下，避雷器特性从线性区进入非线性区，呈现较小的电阻，流过较大电流，从而限制过电压；一般地，1 mA 电流下工作点常被看成是线性区转入非线性区的拐点，称为参考电流和参考电压，相应地，参考电流作为避雷器动作的标志，已经成为共识。

避雷器的低压端一般串联放电计数器（兼做全电流显示器）入地，以识别避雷器动作情况。目前，实际应用基本上采用流过避雷器电流为电容器储能方式的机械式放电计数器，但由于参考电流（1 mA）太小，远远不足以驱动动作机构，因此计数器记录的"避雷器动作"实际上对应能驱动机械式动作机构的较大电流（50 A）对应的工作点，也就是说，"避雷器动作"时实际上流过避雷器电流已经比较大（50 A 以上），避雷器浅度动作时计数器是没有反应的。

在运行实践中，避雷器计数器基本上能够可靠地反映频率相对较低的工频或操作过电压工况下的避雷器动作行为；相比之下，由于结构上的限制，在雷电侵入波的高频过电压下，避雷器计数器存在动作不可靠的问题。

目前，普遍采用的传统机械式放电计数器的原理如图 2-49 所示，主要采用冲击电流分流储能方式，储能大小与避雷器动作电流幅值及持续时间密切相关，由于避雷器动作过后，R_1 呈现高阻特性，电容器储能通过电磁计数器电磁线圈释放驱动电磁式计数器动作。电磁式计数器能否动作取决于电容 C 上是否储存有足够的能量。

**变电站设备连续雷击风险
和保护配置优化**

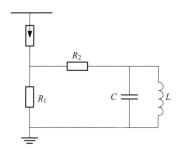

图 2-49　传统避雷器计数器原理示意图

JB/T 10492—2011《金属氧化物避雷器用监测装置》中规定了避雷器计数器动作电流上、下值，它是表征计数器必须具备的正确动作电流值。通常上限动作电流为避雷器标称放电电流，下限电流沿用了 SiC 避雷器及其灭弧能力确定的电流值 50 A。

放电计数器型式试验和出厂试验也依据行标对放电计数器的动作电流上、下限进行测试，试验电流波形为 8/20 μs 的冲击电流，而对其他雷电流波形下放电计数器的动作特性却没有进行过测试。

有关研究表明，对变电站内设备危害最大的近区落雷在线路侧避雷器上引起的放电电流波头时间通常在 2 μs 左右，在如此陡的雷电流作用下，图 2-49 中电容 C 的等值阻抗将变小，其与 R_2 分压后两端的电压将减小，导致电容 C 充电不足，从而使 C 对 L 的放电电流不足以驱使计数器指针移动，致使放电计数器不能正确动作。

首先，放电计数器动作电流下限值受波形参数影响。

传统机械式计数器的元件特性决定了计数器动作需要能量消耗，计数需要足够的电能进行驱动，能量来源于避雷器动作电流，不同冲击电流波形参数，提供的能量必然不同。因此，计数器的动作特性与流经避雷器的电流波形参数、电流幅值及其持续时间密切相关。

图 2-49 中计数器充电回路的时间常数 RC 是确定的，相同幅值而不同波头时间的雷电流波形作用于该回路时，相同的充电时间在电容 C 上的电压是不同的，波头时间长的雷电流将得到较高的电压；而使机械式计数器动作的电容器 C 的电压是一定的，对于波头缓、波形宽的电流，在较小电流幅值作用下放电计数器便能可靠动作；而对于波头陡、波形窄的电流，需要较高幅值的电流才能驱动计数器动作。

南方电网科学研究院的试验结果（见表2-36）佐证了这一点，即不同电流波形的冲击电流作用下，避雷器放电计数器的动作电流下限值不同，波形越陡，下限电流值越高。

表 2-36　传统放电计数器下限动作电流试验结果

序号	试品编号	电流波形	电流峰值（A）
1	A	1/5 μs	1650
2		4/10 μs	960
3		8/20 μs	490
4		30/60 μs	160
5		2 ms	28
6	B	1/5 μs	1710
7		4/10 μs	980
8		8/20 μs	510
9		30/60 μs	170
10		2 ms	31
11	C	1/5 μs	1680
12		4/10 μs	980
13		8/20 μs	500
14		30/60 μs	170
15		2 ms	30

针对计数器下限动作电流值受波形参数影响的问题，可考虑利用脉冲电流传感器对流经避雷器的电流进行电流转换，转换后的电流通过电子电路实现高效的计数。为了进一步满足不同电流波形下限动作电流足够低，且能有效避免其他干扰造成的误动作，可采用比较电路，设定电流下限门槛值，高于门槛值的电流才送入主控单元进行计数。

其次，计数器动作频率特性影响也很大。

电容充满电后，将对计数器进行放电，从而驱动计数器动作，该过程也可用一个 RC 电路进行描述，计数器内阻一般在 2.5 kΩ 左右，储能电容通常 4~12 μF，其时

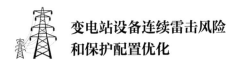

间常数 10~30 ms，计数器主要用于记录电脉冲信号次数的累计。电信号输入计数器后，在电磁铁中产生吸力，使衔铁带动拨盘机构，驱使数字轮转动进行十进制计数。

在实际应用中，计数器的衔铁吸合和释放电压不同，在避雷器放电计数器电路中，电磁计数器的释放电压通常为 24 V。电容器的充电电压变化范围较大，最高可达 500 V。在最高充电电压作用下，电容器放电电压降至电磁计数器的衔铁释放电压需要 4 倍时间常数时间，因此，传统避雷器电磁计数器的最大工作频率只能达到 8~25 次 /s。考虑计数可靠、回路参数差异、器件间差异，一般选择工作频率在 5~10 次 /s 之间。

然而，在自然雷电过程中，连续雷击占较大的比例，每两次回击之间的时间间隔较短，大多在数十毫秒数量级，由于电容器充电时间的限制，传统的机械式放电计数器做不到将自然界中的连续雷击可靠地记录下来，对于一个包含多次回击的连续雷击过程，避雷器放电计数器只能反映动作次数为 1 次，无法记录连续雷击侵入波过电压下避雷器实际动作情况。

顺便指出，在避雷器运维的预防性试验中，常通过给放电计数器施加单次放电脉冲，如果机械指示的数字在 1~3 次试验中都能够跳动，就认为计数器动作正常，而试验条件并不能真实反映避雷器在连续雷击侵入波过电压下的动作行为。

综上分析，传统避雷器计数器存在在雷电侵入波工况下，不能真实反映避雷器动作行为的问题，突出表现在线路侧避雷器上，由于流过计数器雷电流的波形较试验波形差异较大，造成计数器不能可靠动作。近年来，南方多雷地区就出现了多起由于雷击引起设备损坏但现场避雷器放电计数器未动作的情况，给过电压分析中避雷器动作状态的评估带来困难。

计数器动作情况反映避雷器过电压保护行为的基本信息，传统放电计数器不能正确反映变电站雷电侵入波作用下避雷器动作行为，带来了变电站雷电侵入波工况下避雷器动作情况信息的第一手资料难以准确获取的问题，制约了电力系统雷击故障的过电压分析和故障甄别工作，雷电过电压防护和绝缘配合的优化缺乏依据，这种现状不能满足电网智能化发展对于过电压感知和故障预警技术的要求。

目前，线路落雷信息和雷电侵入波信息大多通过雷电定位系统间接获得，而雷电定位系统存在一定的位置误差，难以确认地闪直击导线、塔顶或避雷线档距中央，只能通过其他的现象综合判断。理论上，线路分布式故障精确定位装置可以直接感知线路导线或地线流过的雷电流，但运行实践显示，其常常难以甚至不能提供有效雷电侵入波信息。因此，雷电定位系统查询结果和线路分布式故障精确定位装置提供信息不完全可靠。

理论上，流过避雷器的电流直接反映了雷电侵入波的信息，但避雷器放电计数器常常没有动作记录信息，与雷电定位系统或线路分布式故障精确定位装置提供的雷电信息对应不佳，给事故分析带来困扰，无法判断避雷器是否承受连续雷击侵入波过电压，因此，急需研发能反映连续雷击情况的新型避雷器放电计数器，为雷电侵入波的分析和防护提供基础数据。

2.4.5.3　新型避雷器放电计数器的设计方案和技术指标

新型避雷器放电计数器的设计方案见图2-50，图2-51为新型避雷器放电计数器实体和安装现场实景，主要技术指标要求如下：

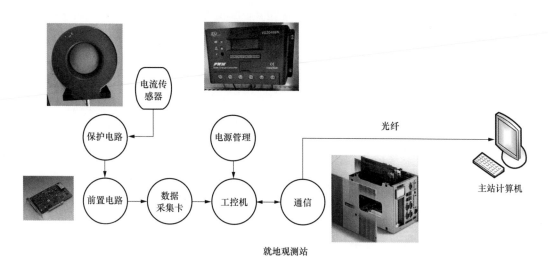

图 2-50　新型避雷器放电计数器设计方案

（1）采样频率：≥10 MHz。

（2）测量范围：5 A~50 kA。

（3）测量精度：≤5%。

（4）数据存储容量：≥5000次事件。

（5）对时、授时时间精度：≤0.1 ms。

图 2-51 新型避雷器放电计数器和挂网运行情景

（6）连续记录时长：≥ 2000 ms。

（7）具备波形数据分析及展示功能。

图 2-52 为新型避雷器放电计数器录到的峰值 40 kA、脉冲间隔 200 ms 的模拟连续雷击电流波形。

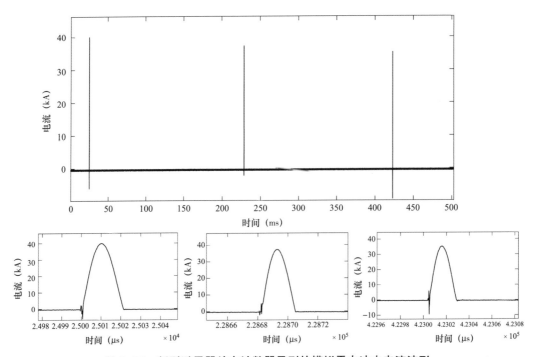

图 2-52 新型避雷器放电计数器录到的模拟雷电冲击电流波形

2.5 本章小结

（1）累计12年广东省雷电定位系统数据显示，线路的连续雷击对应的是多回击地闪，多回击地闪在总地闪中占比52.58%，其中96.84%为负极性。负极性连续雷击平均频次为4.1次，中位数为4次。负极性连续雷击时间间隔算术平均值为103.2 ms，中位数为71.6 ms；随着频次增加，各次时间间隔依次递减，并且第1次后续回击至各次后续回击，时间间隔有上升的趋势。负极性连续雷击首次回击幅值平均值为−46.60 kA，中位数为−33.5 kA，后续回击幅值平均值为−31.55 kA，中位数为−24.4 kA；同一次地闪中的首次回击至后续回击雷电流幅值依次递减；但随着频次升高，雷电流幅值依次递增，且后续回击雷电流幅值大于首次回击雷电流幅值的概率呈上升趋势。

（2）相较于单次雷击，连续雷击不仅拥有更多的回击次数，其首次回击的电流幅值一般也大于单次雷击（总体约为1.5倍，后续回击雷电流幅值与单次回击接近），因此连续雷击首次回击比单次雷击危害更大，传统的绝缘配合设计低估了连续雷击对电气设备的威胁。

（3）采用人工引雷方式可测得自然雷电中的后续回击雷电流波形特征和参数，实测后续回击雷电流幅值平均值19.80 kA，波形0.37/19.89 μs，时间间隔81.76 ms。电流幅值中位数15.80 kA，波形0.36/18.13 μs，时间间隔78.75 ms。提出采用Heidler波和双指数波叠加的波形函数对连续雷击雷电流波形参数进行拟合。

（4）将人工引雷试验结果与雷电定位系统数据进行比对，两者相对误差绝对值在2.91%~39.35%范围内，算术平均值为16.32%，中位数为13.55%，说明雷电定位系统测量反演雷电流幅值的信息较可信，幅值测量误差可以接受。

（5）基于雷电定位系统数据、人工引雷试验数据以及相关文献标准汇总，提出适用的连续雷击等效雷电流模型库，分为不考虑频次影响的连续雷击等效电源模型和频次为2~5次的连续雷击等效电源模型，从不同角度提出连续雷击中的雷电流波形参数，可为变电站连续雷击侵入波及站内设备雷电防护提供基础输入数据。

（6）回击间的连续电流幅值较低，对连续雷击所造成的设备匝间绝缘累积效应的影响可以忽略，因此连续雷击电流波形模拟可不考虑两次回击之间的连续电流。

同时，连续电流幅值虽然较低，但持续时间较长，理论上产生一定的热效应，连续电流不应忽略，因此，对线路侧避雷器能量吸收计算时，连续雷击电流源可以采用多次回击脉冲，以及回击之间数百安的直流电流的组合波形。

（7）利用人工引雷的试验条件，搭建模拟试验线路，所搭建的人工引雷模拟试验线路末端直接接地可近似等效运行中首次回击造成线路跳闸后，后续回击再次击中线路的情况，此时雷电流大部分沿线经线路侧避雷器入地，流经开路线路侧电流近乎为零。人工引雷模拟试验线路雷电流传播过程中经历多段波阻抗，行波来回折反射，使得引出导线雷电流较引流杆雷电流被拉长。人工引雷模拟试验线路沿线雷电过电压幅值较高，衰减速度较快，并且影响雷电过电压幅值的因素不仅是导线电流幅值单一因素，还有导线电流平均陡度。

（8）在PSCADD/EMTDC，建立了与真实人工引雷系统一致的电路仿真模型，导线电流的仿真结果与实测波形整体上相符，电压波形在波前部分与实测波形比较接近，但在波尾部分相对于实测电压波形振荡更明显，衰减更慢。该模型未考虑接地体冲击特性、线路电晕等，计算结果偏严格，但误差不大，可以用于开展变电站雷电侵入波的研究。

（9）研发新型避雷器放电计数器，其采用宽频带罗氏线圈和高精度信号采样记录装置，实现连续雷击过电压下流过避雷器冲击电流幅值和波形的准确记录；系统内置高精度时钟，每次动作打上时间标签，便于与雷电定位结果对应；通过记录的冲击电流波形，能够准确计算连续雷击过程中避雷器耐受能量值；结合避雷器能量耐受阈值，判断雷电冲击对避雷器影响情况。

第3章
变电站设备连续雷击风险分析

3.1 连续雷击引发线路侧断路器断口重击穿典型故障案例

⚡ 3.1.1 220 kV线路1的线路侧断路器B相

3.1.1.1 基本情况

2013年7月24日00时39分21秒，220 kV线路1出现短路故障，两侧断路器保护动作B相跳闸，切断故障电流，线路失压。该线路的500 kV变电站1侧保护测距为4.56 km，一次故障电流20.376 kA；对保护测距为10.3 km，一次故障电流8.688 kA；经过28.6 ms后，500 kV变电站1侧220 kV线路1的2188断路器B相再次出现故障电流，持续约10 ms后故障电流消失，约930 ms后，线路两侧重合闸成功。

500 kV变电站1侧故障录波图（见图3-1）显示，220 kV线路1的线路侧断路器B相在分闸状态下断口击穿，00时39分21秒，220 kV线路1出现短路电流（0时刻），15.4 ms时保护出口，40.6 ms时断路器显示为分闸状态，52.4 ms电弧熄灭，故障电流被切断，81 ms再次出现故障电流，92.2 ms故障电流消失，929 ms重合闸出口，重合闸成功。

故障断路器型号为LTB245E1，机构型号为BLK222，额定电流4 kA，额定短时开断电流50 kA，额定电压252 kV，雷电冲击耐受电压（1050/1050+200）kV，额定工频耐受电压（460/460+145）kV，2008年2月出厂，2008年6月投运。220 kV线路1两侧的线路侧避雷器型号为Y10W2-216/562，标称放电电流下残压为562 kV，2010年2月投运，事后检查发现，故障过程中避雷器计数器读数未变化（三相均为15）。

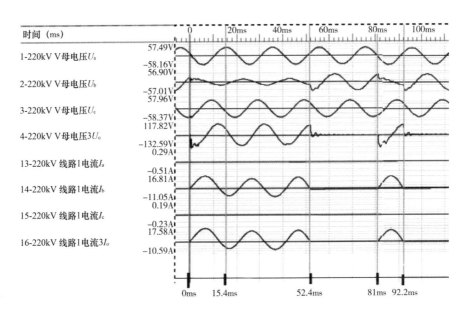

图 3-1　500 kV 变电站 1 侧故障录波图

故障断路器外观无明显损伤，表面无沿面放电痕迹，灭弧室内除弧触头处外，未见其他疑似放电痕迹；在灭弧室法兰外沿处有黑色油渍状物质，但无贯穿通道；操动机构缓冲器下侧有油滴滴落，缓冲器可能有漏油现象。SF$_6$ 气体成分测试发现灭弧室内气体杂质 SO$_2$ 和 H$_2$S 气体含量严重超标，说明灭弧室内发生了异常燃弧。

220 kV 线路 1 为同塔双回线路，于 2008 年 7 月投运，全长 14.703 km。沿线铁塔共 34 座，均为自立式铁塔，其中双回路塔 29 座，四回路塔 5 座（2 座为管塔）。导线采用 2×LGJ-630/45，地线一根为 LBGJ-100-27AC 及 LBGJ-120-40AC，另一根采用光纤复合地线 OPGW（36 芯）。事后巡线发现 220 kV 线路 1 的 13 号塔 B 相绝缘子有明显放电痕迹，从形状判断为雷击击穿痕迹，可判定该处即为本次雷电击穿短路接地位置。

3.1.1.2　雷电活动信息

2013 年 7 月 24 日 00 时，220 kV 线路 1 周围区域处于雷雨天气，雷电定位系统显示，故障前后共有两次落雷位于线路 13 号杆塔附近 2000 m 区域内，如表 3-1 所示。

（1）第一次雷击时间与断路器跳闸时间一致。故障时刻 00 时 39 分 21.9342 秒

13~14号塔段落雷一次，雷电流幅值–171.3 kA，与线路故障跳闸保护测距4.56 km基本吻合，推断该次落雷造成220 kV线路1跳闸。

（2）故障时刻00时39分22.0157秒，13~14号塔段再次出现一次落雷，雷电流幅值为–53.5 kA。

（3）两次落雷时间间隔81.5 ms，与第二次故障电流出现时间（81.2 ms）一致，推断第二次落雷是造成第二次故障电流的直接原因。

表 3-1　雷电定位系统监测信息查询结果报表

对象范围	线路：220 kV线路1；缓冲区半径（m）：2000						
时间范围	雷电：2013-07-24 00时34分00秒 ~ 2013-07-24 00时44分00秒						
序号	时间	经度（°）	纬度（°）	电流（kA）	回击	定位的探测站数	最近距离（m）	最近杆塔号
1	00时39分21.9342秒	116.2753	23.4096	–171.3	2	3	1723	13 ~ 14
2	00时39分22.0157秒	116.2665	23.4099	–53.5	1	4	874	

3.1.1.3　故障断路器解体情况

对故障断路器进行返厂解体分析，如图3-2~图3-4所示，动、静弧触头有烧蚀痕迹，喷口有炭迹，主触头无放电痕迹，说明放电在弧触头间进行。

（1）灭弧室内较清洁，未见黑色粉末等明显异物积累。

（2）静弧触头端部有黑色烧蚀斑点，端部高度已略低于主触头，但整体结构未被破坏，仍然可以满足设计要求。

（3）动弧触头有明显吹弧痕迹，但电弧痕迹仅现于弧触头端部，未见向主触头延伸的痕迹。

（4）动、静主触头完好，无烧损痕迹。

（5）绝缘拉杆完好，无放电痕迹。

（6）法兰外沿黑色物质擦拭后，法兰表面光滑，无放电灼蚀痕迹，判断该黑色物质为积尘受密封圈腐蚀后产物。

解体情况整体发现，除动、静触头端部放电痕迹外，未见其他疑似放电部位，灭弧室整体状况良好，未见明显绝缘损伤，如图3-5所示。

图 3-2　故障断路器外观

图 3-3　故障断路器灭弧室

图 3-4　故障断路器灭弧室操动机构侧法兰表面

图 3-5　灭弧室的静弧触头

3.1.1.4 故障原因分析

故障时，220 kV线路1沿线出现两次连续落雷，时间间隔81.5 ms，与线路两次故障电流起始时间完全吻合，加上判断13号杆塔B相绝缘子放电痕迹为雷击击穿所致，鉴于以上事实，可认定本次故障直接原因为线路遭连续雷击。

1.过电压仿真分析

ATP/EMTP过电压仿真的雷电流与设备过电压关系如图3-6所示，假如避雷器动作，考虑第二次雷电流（幅值53.5 kA）直击线路的情况，避雷器与断路器相距20 m时，仿真得断路器断口雷击过电压将达到675.6 kV，叠加运行电压后断路器断口间产生的过电压幅值为882.0 kV，为断路器雷电冲击耐受电压的84%，可见，即使有线路侧避雷器，在断路器灭弧室绝缘强度降低情况下仍可能造成灭弧室击穿；假如避雷器失效，断口电压将达1896.8 kV。

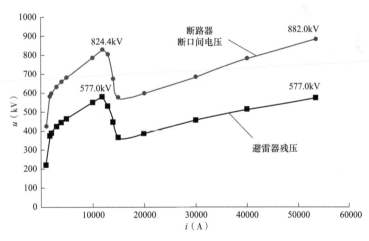

图3-6 雷电流与设备过电压关系

2.避雷器动作情况

如线路侧避雷器未动作，则断路器断口处电压峰值将接近2000 kV，断路器将被严重损坏，这与实际情况不符，因此，认为在断路器断口击穿时线路侧避雷器已经动作。

当避雷器上电压较小，流过电流也较小，因此避雷器计数器未记数时，断路器断口处峰值电压为375.8 kV，此时落雷点绝缘子对地电压仅为281.0 kV，发生沿面放电的可能性极低，而实际上绝缘子表面有明显闪络痕迹，因此，认为避雷器应已充分动作，但未计数。

3.断路器击穿位置

第二次故障电流出现前，220 kV线路1已经失压，再次出现故障电流说明断路器处形成了贯穿的放电通道。经检查，故障断路器外绝缘无放电痕迹，灭弧室绝缘件完好无放电迹象，仅弧触头端部有电弧痕迹。鉴于断路器主触头为铜质，熔点低（1000 ℃以下），极易被电弧灼蚀，基本可认为二次故障电流时断路器击穿位置为弧触头之间。

故障断路器出厂试验报告显示，该断路器完全开距为159.9 mm，根据开断过程动作特性曲线，在第二次故障电流出现时，即断路器开断动作开始后65.5 ms时，断路器动触头有约13 mm的回弹距离。如果漏油情况属实，可能导致缓冲器功能减弱，使该回弹距离进一步增大；并且，根据故障录波信息，在第二次故障电流出现时，断路器分闸指示为"0"，说明该断路器动触头回弹幅度可能过大（超过40 mm）。由于缓冲弹跳使断路器开距减小约17 mm，占最大开距的10.6%，这种情况下，断路器实际开距可能缩短8%~25%，使断口雷电冲击耐受电压显著降低。

4.灭弧室绝缘介质强度

目前，断路器相关标准仅对灭弧过程中的介质恢复强度有要求（即大于TRV曲线包络线），但对灭弧后介质强度的恢复速度没有明确要求。对于一次"分–分"操作中分合之间的时间规定为0.3 s，可以认为一次分闸操作后0.3 s内绝缘强度应能完全恢复，但是本次故障中两次雷击时间相差仅81.5 ms，因此，二次落雷时断路器灭弧室内绝缘介质强度是否完全恢复尚无明确标准规定。

考虑到介质强度恢复时间与灭弧室结构、开断电流大小、触头烧蚀情况等多因素有关系，如欲考察特定断路器介质强度自然恢复速度需进行相应的试验研究。

对本次故障而言，由于二次落雷距开断灭弧时间间隔很短（28.6 ms），因此灭弧室内绝缘强度未完全恢复的可能性大。

5.二次短路熄弧原因

灭弧室气体在电弧作用下分解迅速，介质强度下降明显，因此在无外力干预下灭弧室内电弧自然熄弧可能性极小。鉴于二次短路电流较小，杆塔处绝缘子沿面闪络通道被破坏较容易。由于二次落雷前线路侧已经失压，沿面闪络电弧熄灭导致电路开路，使故障电流消失的可能性较大。

根据以上分析，推断220 kV线路1的线路侧断路器B相故障过程如下：

（1）00时39分21.9342秒，220 kV 线路 1 的 13~14 号塔段落雷，故障点距 500 kV 变电站 1 约 4.56 km，造成 13 号杆塔 B 相绝缘子沿面闪络，短路电流峰值 25.044 kA。

（2）15.4 ms，保护出口，40.6 ms 断路器位置变为分位，52.4 ms 故障电流消失，即故障断路器单相跳闸切除故障点，故障断路器 B 相断口处于暂时分闸状态，线路侧失压，断口母线侧带电。

（3）81.5 ms，线路 13~14 号塔段再次出现落雷，雷电流幅值为 –53.5 kA，造成 13 号杆塔 B 相绝缘子再次闪络，220 kV 线路 1 的 B 相线路侧避雷器动作，但故障断路器断口仍遭受幅值约 800 kV 过电压冲击，在触头回弹及灭弧室介质强度未恢复等多因素作用下，故障断路器断口击穿，导致线路再次短路接地。

（4）92.2 ms 后，杆塔处绝缘子闪络通道受降雨及大风等因素影响，电弧自然熄灭，线路短路电流消失。

（5）927 ms，重合闸出口，重合闸成功。

从国内连续雷击造成断路器击穿的相关文献看，在短路电流较小时，二次短路电流往往可以自然熄灭，而短路电流较大时，二次短路电流需进一步保护动作才能熄灭，甚至出现断路器灭弧室爆炸或瓷套爆炸，可见击穿损坏情况和雷击能量有很大关系。

连续雷击造成断路器击穿的案例一般都发生在断路器线路侧无避雷器的线路上，而本次故障断路器线路侧已安装避雷器，说明虽然避雷器对过电压幅值有一定的抑制作用，但欲进一步防范连续雷击造成断路器击穿故障的发生，还需提升断路器开断后的绝缘恢复能力，或者进一步降低线路侧避雷器的残压。

本次断路器断口击穿故障应是由连续雷击、断路器触头回弹、断路器灭弧室介质强度未及时恢复等多因素联合作用造成的。

6.断路器击穿原因

本次故障中，二次故障电流出现在断路器熄弧 28.6 ms 后，与由断路器开断过程中瞬态恢复电压的恢复时间（几十微秒至几毫秒）量度不符，因此应不是电弧重燃所致，而是由二次落雷造成的冲击过电压造成的，主要反映在三个方面：

（1）雷击过电压：经仿真最大可达 882.0 kV，为线路侧断路器断口额定冲击耐受电压的 84%。

（2）断路器开距：由于缓冲弹跳使断路器开距减小约17 mm，占最大开距的10.6%。

（3）灭弧室绝缘介质强度：在电弧熄灭28.6 ms后，灭弧室绝缘介质强度应未能完全恢复（标准无相关要求）。

断路器击穿时，既受到雷电冲击过电压侵入波的影响，又和断路器自身绝缘强度有密切关系，同时避雷器、线路参数等也对击穿过程产生重要作用。

断口击穿后约半周波后电弧自动熄灭，可能是绝缘子处击穿点电弧熄灭导致断路器灭弧室内电弧熄灭。

⚡ 3.1.2　220 kV线路2的线路侧断路器C相

3.1.2.1　基本情况

2013年9月15日23时22分15秒，220 kV线路2遭连续雷击而发生C相接地故障，线路两侧断路器C相均跳闸，重合成功，但录波图（见图3-7）显示220 kV变电站2侧220 kV线路2线路侧断路器C相在分闸状态下断口击穿，在线路故障80 ms后重新出现故障电流，持续到107 ms后消失，最大故障电流为63 kA。

220 kV线路2出现短路电流（0时刻），11 ms时保护出口，58 ms电弧熄灭故障电流被切断，89 ms再次出现故障电流，107 ms故障电流消失，945 ms重合闸出口，重合闸成功。

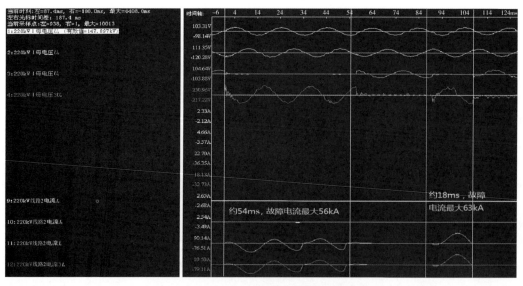

图3-7　220 kV变电站2侧故障录波图

故障断路器型号LTB245E1，分相操作，机构型号BLK222，额定电压252 kV，额定电流4000 A，额定短路开断电流50 kA，额定雷电冲击耐受电压（1050/1050+200）kV，额定工频耐受电压（460/460+145）kV，额定峰值耐受电流125 kA，额定短时耐受电流3 s、50 kA。

220 kV变电站2侧220 kV线路2的线路侧避雷器外观正常，外瓷套无爬电现象，C相动作1次。

对故障断路器进行停电试验，导电回路电阻测试结果正常，SF_6气体分解产物试验显示SO_2及H_2S超标，微水值偏高，另外A相也检出含微量H_2S。

对220 kV变电站2侧220 kV线路2间隔三相TA进行停电试验，包括SF_6气体湿度及分解产物测试，SF_6气体湿度合格，未检出故障气体。

对220 kV变电站2侧220 kV线路2的线路侧避雷器带电检测，持续运行电压下的全电流与阻性电流测量正常，与上次试验结果相比没有异常。

3.1.2.2 雷电活动信息

事后巡线发现，220 kV线路2的60号塔C相玻璃绝缘子有雷击闪络痕迹。

雷电定位系统查询，故障时段220 kV线路2的60号杆塔附近发生多次落雷，其中两次落雷时间间隔与两次线路故障时间间隔一致，由雷击造成两次击穿的可能性很大，其中，60号杆塔附近该时间段共4次落雷（另有58~59号段间落雷一次），如表3-2所示。

表3-2　雷电定位系统监测信息查询结果报表

对象范围	线路：220 kV线路2；缓冲区半径（m）：1000						
时间范围	雷电：2013-09-15 23时21分00秒 ~ 2013-09-15 23时25分00秒						
序号	时间	经度	纬度	电流（kA）	回击	定位的探测站数	最近距离（m）	最近杆塔号
1	23时22分15.7608秒	112.7277	23.3389	−13.2	1	9	147	60 ~ 61
2	23时22分15.8064秒	112.7286	23.3394	−12.3	1	9	71	

（1）第一次故障（0~54 ms）为220 kV线路2的C相遭雷击接地，保护出口，断路器分闸，动作正常。

（2）第二次故障（80~107 ms），雷电流最大的1、3号落雷时间差90.1 ms，与第二次故障电流时间一致；断路器处在分闸位置，断路器断口过电压击穿。

（3）电弧引致C相断路器内部构件烧蚀，从而分解出较大量的SO_2和H_2S气体，断路器内部构件可能受损。

3.1.2.3　故障断路器解体情况

灭弧室内部有氟化物等分解产物，导弧罩及绝缘喷口未有变形及异常放电痕迹。静弧触头表面有烧蚀痕迹，如图3-8所示，经厂家测量尺寸，烧蚀未超过6 mm，符合厂家技术要求，经现场处理后，各项指标满足要求。

 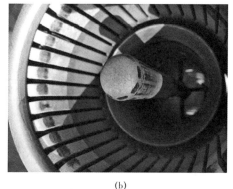

(a) (b)

图3-8　故障断路器解体情况

（a）断路器灭弧室内部；（b）静弧触头

3.1.2.4　故障原因分析

故障设备解体前断路器特性试验结果如图3-9所示，40~95 ms触头缓冲回弹，约65 ms时回弹量最大为16.8 mm，断口击穿时距断路器动作时间为78 ms，此时断路器开距为160 mm−13 mm=147 mm。

表3-3为与第3.1.1节的220 kV线路1线路侧断路器重击穿事件的断口参数比较，两台同一型号断路器在开断短路电弧后，短时内的介质恢复强度未知，不排除恢复较慢的可能。

220 kV线路1线路侧断路器特性如图3-10所示，该型号断路器开断过程中缓冲回弹最大行程值为16~20 mm，是其他同类产品的200%，对耐受短时连续雷击能力有不利的影响。

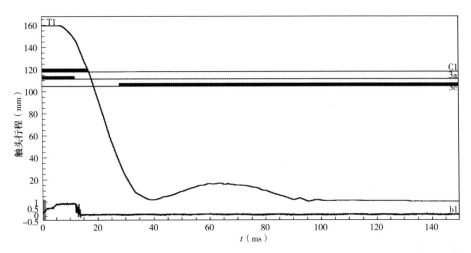

图 3-9 断路器特性试验结果

表 3-3 两起事件断路器比较

断路器	220 kV 线路 1 断路器 B 相	220 kV 线路 2 断路器 C 相
断口击穿距离首次断路器熄弧时间（ms）	28.8	31
断路器开断行程（mm）	160	159.8
断口击穿距离断路器分闸操作开始时间（ms）	65.8	78
断口击穿时触头回弹行程（mm）	17	13
断口击穿电流持续时间（ms）	11	18
绝缘子击穿位置	13 号杆塔绝缘子	60 号杆塔绝缘子
断路器击穿点	弧触头	弧触头

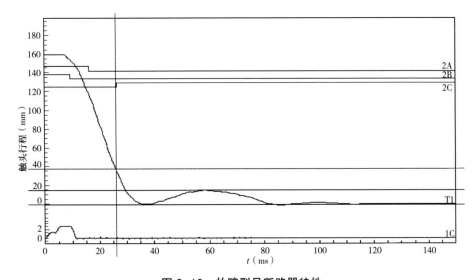

图 3-10 故障型号断路器特性

分析认为：

（1）故障断路器断口击穿的原因为二次落雷引起断口重燃。

（2）故障断路器开断过程中，缓冲回弹行程较大，增加了回弹过程中雷击击穿的风险。

（3）不能排除故障断路器开断短路电流后短时内介质强度恢复较慢的可能性（无相关标准要求）。

（4）220 kV线路2两侧变电站内的入口处均安装了避雷器，但二次落雷仍造成断口击穿。

（5）断口击穿后自动熄弧原因可能为绝缘子闪络通道先行断开。

（6）断路器开断过程中，缓冲回弹行程对断路器冲击耐压水平有影响，需要探究断路器开断短路电流后短时内介质强度恢复特性。

3.1.3 500 kV线路3的联络断路器C相

3.1.3.1 基本情况

2018年9月5日14时59分，500 kV变电站3的500 kV线路3发生C相接地短路故障，一次故障电流4.118 kA，线路保护动作出口跳线路侧5023断路器和联络5022断路器C相，119 ms后再次出现故障电流（重合闸延时1 s，尚未出口），持续约10 ms，线路保护再次出口，跳5022、5023断路器三相；主一保护测距136.7 km，主二保护测距137.1 km，故障录波测距131.818 km，行波测距135.4 km。

500 kV线路3的5023断路器、第二串联络5022断路器型号为GL317X；500 kV线路3的线路侧避雷器型号为Y20W–444/1050 W，2010年10月6日投运；对以上两个断路器间隔、500 kV线路3的高抗本体、线路避雷器进行检查和试验，均未发现异常；500 kV线路3的线路侧C相避雷器动作次数增加一次，泄漏电流指示正确。

对保护录波图（见图3–11）进行了分析，发现在500 kV线路3发生C相接地短路故障开始后119 ms（断路器C相已断开，重合闸延时未到）C相再次出现故障电流（故障电流持续10 ms后消失），断路器保护沟通三跳动作，跳开5022、5023断路器三相，闭锁重合闸，两次故障电流出现的时间间隔为119 ms。

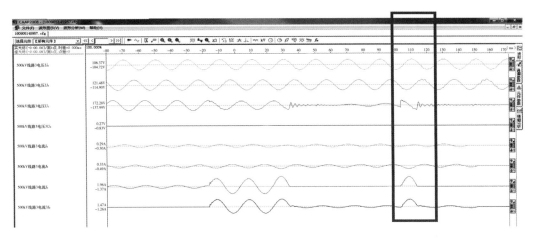

图 3-11　500 kV 线路 3 的故障录波图

3.1.3.2　雷电活动信息

经巡线查找，接地放电点位于 500 kV 线路 3 的 N289 杆塔绝缘子，该塔 C 相绝缘子串（上相）有雷击放电痕迹，落雷地点与查线结果相吻合，确认落雷地点为 289 号杆塔附近。

雷电定位系统信息显示，500 kV 线路 3 发生 C 相接地故障跳闸前后 1 min，线路半径 1 km 范围内共有 9 次落雷；14 时 59 分 57.142 秒受到首次雷击后，后续产生了 5 次雷电回击，其中 14 时 59 分 57.261 秒受到第 4 次雷电回击，两次雷击间隔 119 ms，与两次故障电流开始的时间差相吻合，该两次落雷的具体统计信息如表 3-4 和表 3-5 所示，由此推断，该两次落雷对本次跳闸事件有直接影响。

表 3-4　雷电定位系统监测信息查询结果报表

对象范围			线路：500 kV 线路 3；缓冲区半径（m）：1000					
时间范围			雷电：2018-09-05 14 时 59 分 00 秒 ~ 2018-09-05 15 时 00 分 00 秒					
序号	时间	经度	纬度	电流（kA）	回击	参与定位的探测站数	最近距离（m）	最近杆塔号
1	14 时 59 分 57.142 秒	115.1846	23.0914	-26.3	主放电	26	522	289 ~ 290
2	14 时 59 分 57.261 秒	115.1836	23.0921	-19.3	后续第 3 次回击	26	421	

变电站设备连续雷击风险和保护配置优化

表 3-5　故障精确定位系统与雷电定位系统对应

序号	时间	电流（kA）	回击	站数	距离（m）	最近杆塔号	距变电站距离（km）
1	14时59分57.142秒	−26.3	主放电	26	522	289～290	71.2
2	14时59分57.176秒	−15.8	后续第1次回击	16	114		71
3	14时59分57.209秒	−22.2	后续第2次回击	24	520		0.5
4	14时59分57.261秒	−19.3	后续第3次回击	26	421	288～289	0.4
5	14时59分57.307秒	−7.6	后续第4次回击	6	52		71.1
6	14时59分57.426秒	−10.0	后续第5次回击	9	264		71

3.1.3.3　故障断路器解体情况

对故障联络断路器C相进行了气体分解物试验，SO_2 含量超过注意值，含微量 H_2S，A、B相 SF_6 气体分解产物正常。SO_2 含量有所增加的原因是经过一定时间静置，灭弧室内分解产物向取气口扩散，使取气口处 SO_2 浓度增加；电弧分解产物会发生二次化学反应，产生更多 SO_2，使 SO_2 浓度增加。

故障断路器常规试验结果合格，工频耐压试验从 230 kV 升至 368 kV 过程中，电压值达到 347 kV 时，出现放电击穿。

耐压试验后，对该相断路器进行了解体检查：断路器断口 1 和断口 2 的瓷套内壁在断路器断口处积聚大量放电粉末；断口 1 静触头聚四氟乙烯导流套上发现一个击穿孔洞，断口 2 动触头喷口外侧喉口位置找到一个击穿孔洞，喷口内外表面共找到三条放电痕迹。

3.1.3.4　故障原因分析

基于系统接线和设备参数，采用 ATP/EMTP 中提供的 J-marti 频率相关模型进行过电压仿真分析，采用 1.2/50 μs 的负极性标准双指数波模型，分别选取不同幅值下的雷电流进行仿真分析，避雷器残压及故障断路器断口电压随雷电流幅值增大的变化规律如图 3-12 所示。

与本次故障相关的两次落雷造成的避雷器残压及故障断路器断口电压如表 3-6 所示，可见，第二次回击（雷电流幅值 19.3 kA）绕击线路时，断路器断口间产生的过电压幅值达 1310 kV，达到断路器额定雷电冲击耐压水平（1675 kV）的 80%。

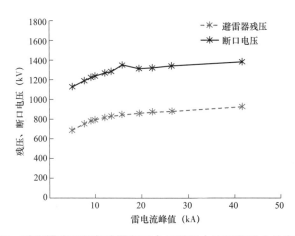

图 3-12　避雷器残压及断路器断口电压随雷电流幅值增大的变化规律

表 3-6　不同雷电流幅值下避雷器残压和断口电压幅值

雷电流（kA）	避雷器残压幅值（kV）	断口电压幅值（kV）
−26.3	882	1331
−19.3	864	1310

解体发现故障断路器 C 相断口 1 和断口 2 内均存在清晰的放电通道，断口 1 静触头侧聚四氟乙烯导流套、断口 2 动触头侧喷口击穿，且气室内存在大量放电粉末。绝缘材料沿面绝缘强度远低于体击穿强度，绝缘件存在体击穿情形，表明该部件可能存在绝缘缺陷。

分析故障原因如下：

（1）本次故障的直接原因是线路遭遇连续雷击。500 kV 变电站 3 的 5022 断路器和 5023 断路器跳闸时 500 kV 线路 3 沿线遭受连续多次落雷，其中接地点 N289 杆塔附近两次连续落雷时间间隔 119 ms，与线路两次故障电流起始时间吻合，其中一次雷击造成了线路接地短路故障，线路保护动作正确切除故障。

当雷电波入侵且避雷器动作时，断路器（被保护设备）处的过电压与断路器离避雷器的距离等因素有关，与避雷器之间的电气距离越长，断路器（被保护设备）处的过电压就越高。

5022 断路器与线路避雷器之间的电气距离较大，经仿真计算，第二次落雷造成 5022 断路器处过电压达 1310 kV（额定雷电耐受电压 1675 kV）。

由于断路器刚刚开断，灭弧室内SF_6气体绝缘能力及喷口与SF_6气体之间的固气介质界面绝缘性能未完全恢复；同时，断路器灭弧室内绝缘件可能存在缺陷。因此，断路器断口承受第二次雷击时，绝缘性能有所降低。

最终在约1310 kV过电压水平及断路器断口间绝缘水平降低的共同作用下，断路器灭弧室内击穿放电。

（2）第二次故障电流持续10 ms熄灭的原因。断口重击穿产生第二次故障电流时，虽然断路器已处于分闸状态，但由于GL317X型断路器采用自能式灭弧，短路电弧的高温会加热自能室内的SF_6气体，使其压力迅速增加，在电流过零点时从喷口急剧喷出，起到吹弧作用，具备一定的灭弧能力，有利于第二次故障电流熄灭。同时外部杆塔闪络绝缘子第二次击穿时，绝缘子表面的电弧过零后在外界风吹等自然条件作用下不稳定，也容易熄灭。

（3）断路器耐压试验击穿的原因为绝缘缺陷及固体分解物。根据故障断路器的解体情况，该相断路器存在绝缘缺陷，断路器断口1和断口2的聚四氟乙烯喷口和导流环上找到放电击穿孔洞和放电痕迹，雷击造成的绝缘缺陷使得断路器灭弧室绝缘性能下降。

⚡ 3.1.4　220 kV线路4的线路侧断路器C相

3.1.4.1　基本情况

2019年4月27日13时59分，220 kV变电站4的220 kV线路4发生B相接地短路故障，一次故障电流5.040 kA，保护动作出口跳线路侧断路器B相。

232 ms后，220 kV线路4的B相再次出现故障电流，保护再次出口，跳220 kV线路4的线路侧断路器三相。

保护录波图（见图3-13）显示，第一次故障52 ms后，220 kV线路4的线路侧断路器B相跳开，电弧熄灭，232 ms后B相再次出现故障电流（重合闸延时0.8 s，尚未出口），电流一次值14.214 kA，持续约10 ms，差动保护动作，跳三相。

主一保护测距17 km，主二保护测距15.7 km，220 kV线路4长度16.98 km（对侧电厂保护测距1.2 km）。

220 kV线路4线路侧断路器型号为3AP1-F1，线路侧避雷器型号为

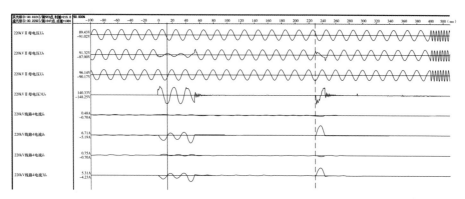

图 3-13　220 kV 线路 4 电流录波图及保护动作情况

YH10WX-216/562，2017-12-22 投运；线路对侧电厂的线路侧断路器型号为 GSP-245EH，线路侧避雷器型号为 YH10WX-216/562，线路两侧避雷器绝缘电阻试验与直流参考电压测试结果均合格。

3.1.4.2　雷电活动信息

巡线发现 220 kV 线路 4 的 5 号塔 B 相导线绝缘子有雷击放电痕迹。

雷电定位系统信息显示，故障期间，220 kV 线路 4 有多次雷电活动，落雷地点为 5~6 号杆塔附近，落雷地点与巡线结果相吻合。

220 kV 线路 4 发生 B 相接地短路故障跳闸时刻（13 时 59 分）前后 1 min，线路半径 5 km 范围内共有 34 次落雷；在 13 时 59 分 20.459 秒受到首次雷击后，后续有 3 次雷电回击，其中 13 时 59 分 20.691 秒受到第三次雷电回击，两次雷击间隔 232 ms，与故障断路器两次故障电流开始的时间差相吻合，该次落雷（含 4 次后续回击）的具体统计信息如表 3-7 和表 3-8 所示。

表 3-7　雷电定位系统监测信息查询结果报表

序号	时间	经度	纬度	电流（kA）	回击	参与定位探测站数	最近距离（m）	杆塔号
1	13 时 59 分 20.459 秒	113.060	22.256	-18	主放电	12	479	2
2	13 时 59 分 20.636 秒	113.085	22.247	-19.3	后续第 2 次回击	10	2084	4
3	13 时 59 分 20.691 秒	113.075	22.205	-9.3	后续第 3 次回击	3	4385	5 ~ 6
4	13 时 59 分 20.752 秒	113.060	22.242	-28.3	后续第 4 次回击	13	407	5 ~ 6

表 3-8 故障精确定位系统与雷电定位系统对应

序号	时间	电流（kA）	回击	距离（m）	最近杆塔号	与变电站距离（km）
1	13时59分20.459秒	-18.0	主放电	479	5	16.2
2	13时59分20.636秒	-19.3	后续第2次回击	2084	4	16.7
3	13时59分20.691秒	-9.3	后续第3次回击	4385	5~6	16.2
4	13时59分20.752秒	-28.3	后续第4次回击	407	5~6	16.3

3.1.4.3 故障断路器解体情况

检查故障断路器 B 相极柱外观完整度，可见瓷套、法兰、换向机构无受损和过弧现象。

拆除底部螺栓后拔出静触头，取出动触头。发现静触头侧底部有部分粉末，应是解体及运输过程中有少量粉末掉落至动触头侧底部。

检查灭弧室内情况，发现静弧触头表面有烧蚀，并附着有较多白色粉尘，喷口表面有黑色放电生成物。

检查主触头情况，发现主触头表面无放电痕迹，未附着放电粉尘，触指表面粗糙度良好。

检查操纵机构，发现静触头侧从动机构的导轨处有烧蚀情况，长度约为 3 cm。

综上所述，故障断路器 B 相的解体情况为：断路器的瓷套内壁、静触头侧底端附着有放电粉末；灭弧室内动、静弧触头表面附着大量放电粉末，引弧触头表面有烧蚀痕迹，喷口有黑色放电生成物，从动机构导轨处有烧蚀痕迹。主触头表面光洁完好，无粉尘、烧蚀痕迹。

3.1.4.4 故障断路器解体情况故障原因分析

（1）故障录波与雷电信息分析。基于录波图（见图 3-13）分析，首先 220 kV 线路 4 发生 B 相接地故障，断路器重合闸前，220 kV 线路 4 保护装置再次检测到故障电流（故障电流持续 12 ms 消失），断路器沟通三相保护，跳开 220 kV 线路 4 线路侧断路器三相，闭锁重合闸。两次故障电流出现时间间隔 232 ms。

经查询雷电定位系统，故障发生时，220 kV 线路 4 有多次雷电活动记录，落雷地点为 5~6 号杆塔附近，落雷地点与巡线结果相吻合，220 kV 线路 4 于 13 时 59 分 20.459 秒受到首次雷击后，后续发生了 3 次回击，其中后续第 3 次回击时刻为 13 时 59

分20.691秒，两次雷击间隔232 ms，与故障断路器两次故障电流开始的时间差完全吻合。

（2）断路器故障的直接原因为线路遭遇连续雷击。经雷电定位系统信息与故障录波确认，4538断路器跳闸时线路沿线遭受连续多次落雷，其中接地点2号、5~6号杆塔附近两次连续落雷时间间隔232 ms，与线路两次故障电流起始时间完全吻合。第一次雷击造成了线路接地短路故障，线路保护动作正确切除故障。

从解体情况来看，主触头状况良好，灭弧室内弧触头间烧蚀较重，推断断路器刚刚开断时，灭弧室内SF_6气体绝缘性能未完全恢复，断路器断口承受第二次雷击时，绝缘性能降低，导致了断路器灭弧室内击穿放电。

（3）断路器故障的根本原因为避雷器与断路器的绝缘配合不能满足连续雷击的要求。仿真计算表明，第二次回击绕击线路时，断路器断口间产生的过电压幅值达到870 kV，达到断口雷击耐受冲击电压的69.2%。对侧电厂的线路侧断路器断口未发生击穿，经计算分析，其避雷器至断路器距离为33 m，得出断口过电压水平约743 kV，相较于220 kV变电站4，过电压下降约130 kV，该电压水平下断路器断口绝缘击穿的威胁也会降低。

在较大雷电流的二次雷击及避雷器保护条件下，断口过电压可达到断口绝缘水平80%以上，特别是雷电流陡度的分散性及断路器内绝缘介质强度未完全恢复等条件，加剧了断路器击穿的风险。本次220 kV线路4的线路侧断路器断口重击穿故障属于这种情况。

GB/T 50064—2014《交流电气装置的过电压保护和绝缘配合设计规范》给出了无间隙金属氧化物避雷器（MOA）到主变压器的最大电气距离，但对MOA与线路侧断路器的最大电气距离尚未做规定。本次雷击造成220 kV线路4的线路侧断路器断口击穿，暴露了220 kV变电站4绝缘配合可能存在问题，线路侧避雷器安装在终端杆塔上，距离被保护设备（CVT、断路器等）较远（77 m），电气距离过大，过电压行波在设备间多次折反射，再叠加上母线的反相峰值，使得断路器断口电压较大，在介质绝缘强度尚未恢复前易造成断口击穿事故，若可将避雷器安装至变电站内，即可很大程度降低断路器的断口电压水平。

（4）第二次故障电流持续10 ms熄灭分析。第二次故障持续10 ms左右也即半波长时间，绝缘子表面的电弧过零后在外界风吹等自然条件作用下不稳定，容易熄灭；另外，断路器采用自能式灭弧，短路电弧的高温会加热自能室内的SF_6气体，使其压力迅速增加，在电流过零点时从喷口急剧喷出，起到吹弧作用，具备一定的灭弧能力。两者共同促进了第二次故障电流熄灭。

（5）故障发生和发展的过程。220 kV线路4的N2杆塔B相遭受雷击，保护正确动作，线路跳闸，线路侧断路器处于开断状态。232 ms后220 kV线路4的N5杆塔再次遭受雷击，断路器断口电压较高，灭弧室内SF_6气体绝缘性能未完全恢复，造成断路器灭弧室内击穿放电。放电持续时间10 ms左右，绝缘子表面电弧电流过零以及断路器自能式灭弧共同致使故障电流熄灭。

⚡ 3.1.5 220 kV线路5的C相线路侧断路器和TA

3.1.5.1 基本情况

2019年5月27日06时53分58秒736毫秒，220 kV变电站5的220 kV线路5发生C相接地故障，线路保护动作跳C相。315 ms后，该线路再次发生故障，线路保护动作跳三相，重合闸不动作，故障测距1.1 km。

故障录波图如图3-14所示，06时53分58秒736毫秒，220 kV Ⅰ母C相电压发生跌落，同时出现$3U_o$，表明存在单相接地故障。65 ms后，220 kV线路5的C相跳闸，切除线路故障，220 kV Ⅰ母电压恢复正常。300 ms后，220 kV Ⅰ母C相再次发生电压跌落，220 kV线路5的C相电流增大，一个周波后发生畸变。由于线路差动保护检测到C相差流的存在，320 ms后启动220 kV线路5三相跳闸，并导致该线路永跳断路器动作。411 ms后，母差Ⅰ保护检测到畸变的电流，启动跳Ⅱ母及母联断

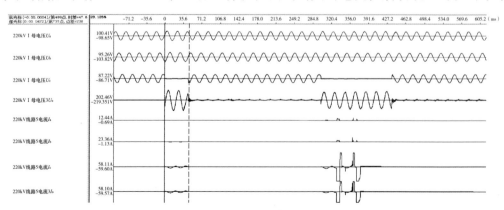

图3-14 220 kV变电站5的220 kV线路5故障录波图

路器，447 ms后母联断路器分位。

检查220 kV线路5的线路侧断路器，外观无异常，断路器端子箱的接地和零序电流端子排存在放电烧焦痕迹。

检查220 kV线路5的电流互感器C相，二次接线盒门板微微开启，二次电缆槽盒盖板部分剥离；电流互感器的SF_6密度继电器显示正常，压力值分别为A相0.43 MPa、B相0.43 MPa、C相0.44 MPa。打开C相电流互感器二次接线盒门板后，可闻到烧焦的味道，接线盒内壁有烧焦熏黑的迹象；C相二次端子盒内6S2（录波绕组）、8S3（计量绕组）及地线，三根电缆已烧断，绝缘皮熔化破损。

220 kV线路5的线路侧避雷器三相的计数器显示均为0，而变电站5内部的Ⅰ母221TV、Ⅱ母222TV和1号主变压器变高C相避雷器动作。

故障断路器型号为3AP1-FI，TA型号为LVQB-220，220 kV线路5线路侧避雷器为YH10CX-204/592型带串联间隙的线路型避雷器，均为2019年4月16日投运，历史运维情况正常。

事后，对220 kV线路5的TA进行绝缘电阻、励磁特性、气体湿度及分解物测试，C相TA一次对二次绕组及地绝缘电阻严重下降、二次绕组对地的绝缘电阻为零，SF_6气体湿度合格，C相气体分解物中H_2S和SO_2含量超标，表明C相TA内部存在放电故障。

对故障断路器进行回路电阻测试、动作特性测试、气体湿度及分解物测试，断路器回路电阻、动作特性测试结果合格；SF_6气体湿度合格，C相断路器气体分解物中SO_2含量超标。

对220 kV线路5的线路侧避雷器C相进行绝缘电阻、直流1 mA参考电压、0.75直流1 mA参考电压下的泄漏电流测试，结果均合格；对放电计数器试验结果合格。

3.1.5.2　雷电活动信息

故障当天为雷暴天气，雷电定位系统临时关闭，根据气象局提供的信息，06时53分58~59秒，220 kV线路5及220 kV变电站5附近有5个落雷，雷电流为12~24 kA。

巡视发现，距离220 kV变电站5约1.225 km处的N75塔上绝缘子有明显闪络痕迹。

3.1.5.3　故障断路器和TA解体情况

检查断路器极柱外观完整度，可见瓷套、法兰、换向机构无受损和过弧现象，如图3-15所示。拆除底部螺栓后拔出动触头，动触头底部发现少量放电粉末，绝缘子内壁附着少量白色放电粉末。

图 3-15　故障断路器外观

将动、静触头拆出后，发现主触头、主触头屏蔽罩烧蚀较为严重，喷口外侧表面有黑色烧蚀痕迹，如图3-16所示。放电通道应是在主触头之间。经测量，主动触头至主静触头的屏蔽罩为90 mm，主动触头至主静触头为118 mm。

将喷口拆出，发现主触头的触指烧蚀严重，部分触指已经烧融。触指表面附着大量白色放电粉尘，如图3-17所示。灭弧室内动弧触头表面整洁完好，静弧触头喷口表面略微发白。

检查联动机构情况，可见联动机构表面清洁，无附着粉尘。机构无卡顿、无磕碰痕迹；绝缘拉杆表面良好，无爬电痕迹、无裂痕。

图 3-16　主触头情况

图 3-17　主触头与弧触头情况

综上所述，断路器是在分闸情况下发生击穿，击穿通道为主触头间沿大喷口表面闪络，如图 3-18 所示。断路器断口击穿的路径通常有 3 条，主触头间（放电路径①），弧触头间（放电路径②），弧触头 – 屏蔽罩（放电路径③），该灭弧室是双动结构，分闸状态下主触头间距离比弧触头间距离更短，考虑到故障断路器新投产，喷口内部无粉尘附着，放电路径②③更难发展，推断断路器放电路径为电弧沿主触头闪络，此时断路器不具备灭弧能力，由此，燃弧持续了 132 ms，直至母差及失灵保护动作跳开。

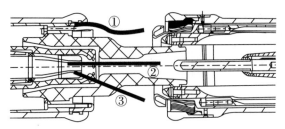

图 3-18　断路器放电路径

故障TA返厂解体检查，拆除一次导电杆，可见导电杆表面靠近P2侧有明显电弧烧蚀痕迹，与之邻近的二次绕组屏蔽罩边沿圆弧位置可见电弧烧蚀形成的凹坑，屏蔽罩下边沿位置的凹坑与导电杆放电痕迹对应，形成放电路径。

在TA头部外壳内壁上部和靠近P2侧一次导杆安装孔位置均可见电弧灼蚀痕迹，其中TA头部外壳内壁上部电弧烧蚀位置与二次绕组屏蔽罩上边沿的电弧烧蚀点对应，形成放电路径。

二次绕组屏蔽罩上部（近P2侧）有多道电弧烧蚀痕迹，上面附着熔融后的铝液，与之邻近的TA头部外壳内顶部可见多处电弧灼蚀痕迹，并附着熔融后的铝液。这两处放电位置对应，形成放电路径。

3.1.5.4　故障原因分析

（1）220 kV线路5的C相第一次跳闸。根据保护动作信息，06时53分58秒736毫秒，220 kV变电站5的Ⅰ母C相电压发生跌落，同时出现$3U_0$，表明存在单相接地故障。

53 ms后，220 kV线路5的C相跳闸，切除线路故障，220 kV Ⅰ母电压恢复正常。同时由于这一阶段，母差失灵保护启动，但未动作，说明了该故障来自母差区外，是由于220 kV线路5的C相线路侧发生了单相接地故障。

220 kV线路5第一次跳闸，雷击导致在75号塔线路绝缘子闪络放电，引发单相接地故障。雷击造成75号塔线路C相绝缘子闪络放电的同时，雷电波向220 kV变电站5方向传播，此时断路器处于合位，雷击过电压可沿线路入侵站内，引起Ⅰ母221 TV、Ⅱ母222 TV和1号主变压器变高C相避雷器动作，与220 kV线路5的故障相一致。推断为雷击220 kV线路5并沿线路入侵220 kV变电站5导致，避雷器残压钳制在532 kV，有效地保护了站内设备。

220 kV线路5线路侧避雷器未动作，该避雷器型号为YH10CX-204/592，为带串联间隙金属氧化物避雷器，正极性50%雷电冲击放电电压为862.6 kV（峰值），负极性50%雷电冲击放电电压为1004 kV。由于避雷器及计数器现场试验合格，产品处于正常状态，因此，220 kV线路5两次故障时避雷器不动作的原因为线路侧避雷器位置的雷击过电压低于该避雷器的50%雷电冲击放电电压，串联间隙不击穿。

（2）220 kV线路5的C相第二次跳闸，同时引起线路侧断路器及TA故障。300 ms后，220 kV变电站5的Ⅰ母C相电压再次发生跌落，220 kV线路5的C相TA流过故障电流，但220 kV线路5的两侧断路器均已跳闸，结合断路器解体情况，确认变电站5侧C相TA与母线间的线路侧断路器断口已被击穿。

在300~370 ms，220 kV线路5的C相电流显著增大，结合解体情况，确认TA一次导杆对二次绕组屏蔽罩发生放电，放电致使屏蔽罩接地引线流过大电流，由于所有二次引线绑扎在一起并引出到端子板，导致二次引线与地线间绝缘瞬间熔融破损，使接地电流从二次绕组中流过，产生较高幅值的二次畸变电流，因此，故障录波二次电流产生了峰值高达59 A的畸变。

TA二次绕组屏蔽筒上的故障点，靠近P2一端，由于采用一体式结构，无固定螺栓等可能导致尖端放电的部件，一次导电杆与二次绕组间绝缘较高（500 MΩ），气体间隙符合设计要求，产品已通过型式试验，出厂及交接试验合格，排除质量问题导致TA故障的可能。

220 kV线路5的C相第二次接地故障时，雷电波沿线路向220 kV变电站5方向传播，但由于此时线路侧断路器C相处于分闸状态，雷电波在断路器断口位置发生波反射，且由于避雷器距离断路器断口较远（79 m），断路器断口处的电压将大幅提高，经理论计算与仿真分析，实际断路器断口和TA端部的雷电过电压均将明显超过其绝缘的雷电冲击耐受电压，最终导致断路器断口击穿、TA一二次绕组间放电。

故障断路器动作特性合格，断路器机构正常，第二次故障时刻为分闸位置，开距正常，产品出厂及交接试验合格，试验时内部无缺陷，排除质量问题导致断路器故障的可能。

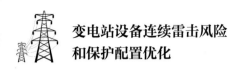

结合解体情况，认为断路器及TA承受较高幅值的过电压，在故障当天雷暴天气下，无操作、施工记录，可排除操作过电压、工频过电压的可能。

根据仿真计算结果，认为雷电侵入波过电压是220 kV线路5的线路侧断路器断口击穿及TA内部放电故障的根本原因。

（3）绝缘配合存在问题。首先，220 kV线路5间隔为扩建工程，线路侧避雷器布置在220 kV变电站5的站外终端塔上，选用的避雷器为线路绝缘子防雷用的带串联间隙金属氧化物避雷器，不是电站型无间隙避雷器，该型避雷器的正极性50%雷电冲击放电电压为862.6 kV（峰值），负极性50%雷电冲击放电电压为1004 kV。当雷击过电压低于该冲击放电电压时，避雷器不动作，雷击过电压侵入变电站内，无法有效保护站内断路器和TA。其次，线路侧避雷器安装位置距离断路器断口和TA较远，设计单位按照GB/T 50064—2014第5.4.13款第6点要求对线路侧避雷器位置进行校核设计，220 kV线路5的线路侧避雷器与故障TA的电气距离为69 m，距离故障断路器的电气距离为79 m，被保护设备承受的雷电过电压将较避雷器端部电压高，断路器断口运行工况苛刻，易造成连续雷击下的断口灭弧室击穿重燃。

⚡ 3.1.6　220 kV线路6的线路侧断路器C相

3.1.6.1　基本情况

2014年6月16日18时51分，500 kV变电站6的220 kV线路6保护动作，后发生线路侧断路器C相故障，重合闸不成功。

故障录波图发现，故障相出现多次断口电弧重燃的情况，初步判断断路器内部有故障。

现场检查故障断路器外观无异常，断路器操动机构内部良好，断路器本体外观表面清洁，干净，无异常，SF_6压力表显示三相压力正常。根据特性试验结果分析，发现断路器C相合闸时间不合格，分、合闸同期不合格。SF_6气体成分试验分析发现故障断路器C相SO_2含量（1800 μL/L）远远大于规程要求（≤3 μL/L），证明断路器在遭受冲击后，C相内部发生过电弧放电故障，导致SF_6气体分解，产生大量SO_2气体。图3-19为故障断路器解体照片。

图 3-19　故障断路器解体照片

3.1.6.2　雷电活动信息

事后巡查发现 005 号直线塔 C 相复合绝缘子遭受雷击闪络。

查询雷电定位系统信息，故障发生时，220 kV 线路 6 有多次雷电活动记录，如表 3-9 所示。

3.1.6.3　故障原因分析

根据保护动作时间与雷电定位系统的时间对应（见表 3-9），可以认为，断口绝缘尚未恢复（一般分闸后 300 ms 绝缘恢复）又多次遭受雷电波（线路侧安装有避雷器，但计数器没有动作记录）冲击，断口击穿。

表 3-9　断路器启弧、熄弧时间与雷电活动时间对比

序号	接地时间	保护启动时间/终止时间	断路器启弧时间	断路器息弧时间	雷电落雷时间	启弧与落雷时间差	备注
1	18时51分15.5073秒	18时51分15.5249秒/18时51分15.5553秒		18时51分15.5553秒	18时51分15.5072秒，18时51分15.5080秒	0.1 ms	线路 C 相遭受两次雷击，线路接地。保护启动跳闸，30.05 ms 后断路器完全断开
2			18时51分15.5657秒	18时51分15.5857秒	18时51分15.5654秒	0.3 ms	短路电流开断后 10 ms（断口绝缘尚未恢复）又遭受多次雷电冲击，断口击穿，通过自能腔加热气流灭弧

续表

序号	接地时间	保护启动时间/终止时间	断路器启弧时间	断路器息弧时间	雷电落雷时间	启弧与落雷时间差	备注
3			18时51分15.5973秒	18时51分15.6161秒	18时51分15.5971秒	0.2 ms	距上次灭弧10.6 ms又有雷电波入侵，断口击穿，通过自能腔加热气流灭弧
4			18时51分15.7129秒	18时51分15.7265秒	18时51分15.7125秒	0.4 ms	距上次灭弧96.8 ms又有雷电波入侵，断口击穿，通过自能腔加热气流灭弧
5			18时51分15.7705秒	18时51分7865秒			距离上次灭弧44 ms后，金属蒸汽导致断口击穿，通过自能腔加热气流灭弧
6			18时51分15.8353秒	18时51分15.8449秒	18时51分15.8347秒	0.6 ms	距上次灭弧48.8 ms又有雷电波入侵，断口击穿，通过自能腔加热气流灭弧
7			18时51分15.9825秒	18时51分15.9960秒	18时51分15.9820秒		距上次灭弧137.6 ms后又有雷电波入侵，断口击穿，通过自能腔加热气流灭弧
8			18时51分16.0257秒	18时51分16.0665秒			距上次灭弧29.7 ms后，金属蒸汽导致断口击穿，通过自能腔加热气流灭弧
9			18时51分16.1055秒	18时51分16.1161秒	18时51分16.1052秒	0.3 ms	距离上次灭弧39.6 ms后又有雷电波入侵，断口击穿，通过自能腔加热气流灭弧

⚡ 3.1.7 220 kV 线路 7 的线路侧断路器 C 相

3.1.7.1 基本情况

2016年6月16日01时43分，220 kV变电站7的220 kV线路7线路侧断路器C相跳闸，重合闸不动作；对侧变电站的线路侧断路器C相跳闸，重合闸动作成功。

解体检查发现故障断路器灭弧室导向件开裂并有一个小孔，推断断路器跳闸后断口发生击穿。

220 kV线路7的故障录波（见图3-20）显示，0（故障瞬间为0）、310、490、630 ms四个时刻分别出现了故障电流，保护装置也分别在对应时刻发出了跳闸命令（共4次）。

由于 630 ms 内闪络绝缘子表面空气绝缘未完全恢复（可能雷击使之再次复燃），此通道和击穿的断口构成了完整的短路回路。第 1、2 次故障电流时间相隔 13 周波（260 ms），第 2 次短路前断路器已有一段时间完全处于分位，电弧熄灭也有一段时间，判断是断口击穿。

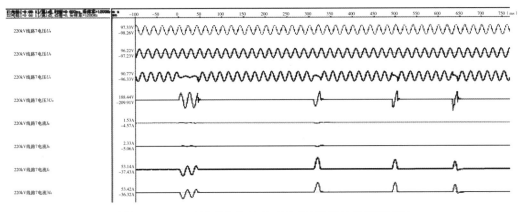

图 3-20　220 kV 变电站 7 的 220 kV 线路 7 故障录波图

3.1.7.2　故障原因分析

（1）断口击穿是雷击过电压而非工频电压所致。断口在不到 1 s 时间内多次击穿只有 2 种可能，一种是工频电压击穿，另一种是雷电过电压击穿。如果是工频击穿，则因第 1、2 次击穿相距约 13 个周波内出现了约 26 个工频波峰冲击，且断口分闸初期绝缘强度最低，工频击穿应在此时段内发生；另外工频击穿时因工频电压在 0.5 s 内一直通过绝缘未恢复的绝缘子加于断口上，断口电弧将不可能自灭，将导致断路器发生爆炸；但录波显示第 1 次断口击穿前，断口经受了约 26 个工频波峰冲击，现场也没有发生断路器爆炸，推断是雷电波入侵击穿所致。

（2）根据录波数据分析断路器断口击穿情况。录波图（见图 3-20）显示了奇怪波形，第 2 次短路电流最大，第 3、4 次短路电流依次减小，而第 1 次短路电流反而最小；第 1 次短路电流持续约 2.5 个周波，但后面 3 次短路电流每次只持续了 0.5 个周波，持续时间比第 1 次大幅减少。原因是第 1 次短路时对侧断路器处于合位分流了总的短路电流，第 2、3、4 次短路时对侧断路器处于分位，不能分流总的短路电流，这也证明本侧断路器断口击穿，而对侧断路器断口没有击穿；第 3、4 次短路电流依次减小，说明第 3、4 次落雷的雷电流强度不大，没能使绝缘子再次闪络，

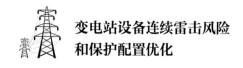

而闪络绝缘子的绝缘随时间推移逐步恢复，阻抗逐步增大，故短路电流逐步减小；第1次短路电流持续约2.5个周波，是保护动作时间和断路器固有分闸时间所致；第2、3、4次短路电流只有0.5个周波，说明断路器完全分闸后断口分别受到3次击穿，由于该断路器断口灭弧能力较好，在每次工频续流过零时都能将电弧熄灭，从而避免了断路器爆炸事故和事故扩大。

断路器灭弧室导向件开裂并有一个小孔洞，判断为断路器断口3次击穿产生的工频续弧燃烧所致。

断路器断口3次击穿，但触头等元件烧蚀不严重，是因为短路电流最大时只有约7.9 kA，只是断路器额定开断短路电流的16%。

（3）导致断路器断口击穿的雷电流强度计算。220 kV线路型避雷器串联间隙的冲击放电电压约900 kV，残压约600 kV，而220 kV断路器断口冲击耐受电压1050 kV，事故后检查终端避雷器完好且没有动作记录，如线路波阻抗取350 Ω，由此推断击穿断路器断口的雷电流强度小于900 kV/350 Ω=2.6 kA。

当进线段遭受雷电绕击时，雷电波沿导线向两端传输，当传输到断路器断口时发生反射，反射波叠加入射波导致过电压增加100%，因此得到能够击穿断路器断口的雷电流强度必须大于1050 kV/（2×350 Ω）=1.5 kA，即造成断路器断口击穿的雷电流强度在1.5~2.6 kA之间，考虑经过长度为7.5 km线路的衰减，落雷点的实际雷电流幅值比此值大，实际上，绝大多数落雷的雷电流强度均会超过此值。

（4）断路器断口击穿原因分析。220 kV线路型避雷器的串联绝缘子间隙的冲击放电电压约900 kV，避雷器残压约600 kV，而220 kV断路器断口冲击耐压1050 kV，似乎线路避雷器对断路器断口有保护作用，其实不然，当进线段导线遭受雷电绕击时，雷电波传输到断路器断口时发生全反射，因此不论线路终端避雷器动作与否，断路器断口可能承受的冲击过电压为1200 kV（600 kV×2）~1800 kV×（900 kV×2），足以击穿断路器断口，而且越接近且小于避雷器冲击放电电压的落雷会产生越大的过电压。可见，线路型避雷器对断路器断口保护失效是220 kV线路7的线路侧断路器断口击穿的主要原因。

可见，线路终端避雷器不能选择线路型，断路器断口击穿是"线路终端必须加装避雷器"反措没有确实执行所致。

以 220 kV 线路避雷器为例，忽略线路衰耗，可靠系数取 0.8（考虑放电分散性和绝缘配合等因素），断路器断口冲击耐压取 1050 kV，则对应的线路终端避雷器冲击放电电压和残压必须小于（1050 kV/2）×0.8=420 kV。线路型避雷器因冲击放电电压达 900 kV，远远不能满足要求，因此线路终端避雷器不能选择线路型。无间隙避雷器无冲击放电电压，但如果标称放电电流下的残压在 500 kV 以上，也不满足绝缘配合要求，如再考虑反射波使避雷器重复动作引起电压波再次折反射，则对断路器断口有保护作用，但必须校核避雷器与断口的电气距离是否满足要求，否则无间隙避雷器有时也不能发挥保护作用。

（5）断路器断口没有击穿原因分析。闪络绝缘子位置显示，落雷点距 220 kV 变电站 7 约 7.5 km，距对侧变电站约 10.5 km，相同的落雷造成了 220 kV 变电站 7 的线路侧断路器断口 3 次击穿，但却没有造成对侧变电站线路侧断路器断口击穿，原因是雷电波到对侧变电站多传输了 3 km，雷电波衰减更多，如前所述，第 2、3、4 次回击的雷电流强度不大，产生的冲击过电压没有达到对侧变电站断路器断口冲击耐压值。

（6）事故过程。距 220 kV 变电站 7 约 7.5 km 的 C 相导线遭受第 1 次雷电绕击而导致绝缘子闪络，两侧断路器 C 相跳闸，随后的 3 次连续雷击落雷向线路两端变电站传播，由于线路终端避雷器冲击放电电压值较高，两侧变电站的线路终端避雷器均没有动作，雷电波传输到故障断路器断口后反射引起断口击穿，由于落雷点距对侧变电站距离较远，雷电波衰减较大，雷电过电压没达到对侧变电站的线路侧断路器断口击穿电压，断路器断口没有击穿，重合成功；220 kV 变电站 7 的工频电压通过击穿断口和未完全恢复绝缘的闪络绝缘子提供短路电流，保护动作跳开 A、B 相断路器，重合闸因三相断路器跳闸不动作，C 相断路器断口有自灭弧能力，在交流电过零时切断短路电流；第 2、3 次断口击穿产生的短路电流也由断口自灭弧切断。

3.1.8 220 kV 线路 8 的线路侧断路器 C 相

3.1.8.1 基本情况

2017 年 6 月 20 日 17 时 05 分 57.402 秒，220 kV 线路 8 发生 C 相接地故障，500 kV

变电站8侧线路主一、主二保护均正确动作，55 ms后220 kV线路8线路侧断路器
（型号LTB245E，2007年4月投运）C相跳开，178 ms后C相重新出现故障电流，
198 ms后线路两套保护均加速跳三相断路器，但C相故障电流仍未切除，500 kV变
电站8的220 kV 1号母线失灵跳闸。

故障后现场试验表明，故障断路器C相回路电阻已超标，灭弧室内检出SO_2气
体组分；进一步的实验室检测表明，断路器C相灭弧室气体中检出多种故障分解
物，其中硫化物组分总量超过7000 μL/L，判断其内部受损程度严重。

3.1.8.2　雷电活动信息

查询雷电定位系统信息，故障期间，220 kV线路8走廊内有5条监测落雷记录
（见表3-10），均集中于53～58号杆段；其中，存在线路单相接地故障的保护动作
时间精确吻合的落雷（在毫秒级时间点上完全一致），；雷电流幅值达213.5 kA，
落雷点临近54～55号档；该次落雷之后153 ms，线路走廊又有一次落雷，雷电流
幅值为35.4 kA，落雷点临近55～56号档。

表3-10　雷电定位系统信息

序号	落雷时间	经度（°）	纬度（°）	电流（kA）	参与定位探测站数	最近距离（m）	杆塔号
1	17时05分57.2020秒	118.8261	21.9304	−213.5	16	451	54～55
2	17时05分57.4446秒	118.8362	21.9299	−14.3	5	7	57～58
3	17时05分57.4471秒	118.8271	21.9319	−36.6	9	267	54～55
4	17时05分57.4804秒	118.8278	21.9290	−72.3	15	498	54～55
5	17时05分57.5579秒	118.8291	21.9272	−35.4	14	587	55～56
6	17时05分58.1433秒	118.8272	21.9284	−40.0	15	577	54～55
7	17时05分58.0400秒	118.8248	21.9349	−23.1	5	110	53～54

线路故障巡视发现，220 kV线路8的13号杆塔、52号杆塔处避雷线均发生断
落，同时52～53号档内C相导线有放电痕迹，其中，13号杆塔处避雷线断点位于
悬垂线夹内部，断点处有烧蚀痕迹；52号杆塔处避雷线断点位于悬垂线夹大号侧
出口约2 cm处。

3.1.8.3　故障断路器解体情况

故障断路器解体检查发现，极柱瓷套内动、静触头严重烧蚀，灭弧室内存在大

量放电粉末，可确认2052断路器C相断口被击穿。解体过程中还发现断路器C相上端（线路侧断口）瓷套内有清晰的电树，如图3-21所示。

 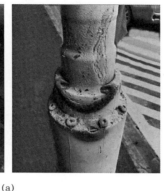 

(a)   (b)

图 3-21 故障断路器 C 相解体检查情况

（a）动、静触头局部图；（b）瓷套内部电树

3.1.8.4 故障原因分析

结合故障录波信息和雷电监测数据，自 220 kV 线路 8 发生单相接地故障始，55 ms 后 500 kV 变电站 8 的 220 kV 线路 8 线路侧断路器 C 相跳开，153 ms 后线路走廊再次落雷，178 ms 后 C 相故障电流重新出现。鉴于故障断路器故障前预试数据正常，故障过程无雷击以外的外部干扰，推断故障因热备用状态下雷电波入侵导致断口击穿，而线路落雷与故障电流重新出现之间间隔（25 ms），应属断口从绝缘受损发展到绝缘击穿的过程延时，这一点从现场断路器解体检查发现瓷套内壁有放电树而得到佐证。

220 kV 线路 4（3.1.4 节）和 220 kV 线路 5（3.1.5 节）的线路侧断路器击穿故障中，断路器在切断上一次的故障电流时，分闸后存在反弹（回弹约 10%），在反弹时刻断口击穿，根据故障录波，最大回弹点为分闸到位后的 20 ms，约 50 ms 内再次分闸到位，回弹消失。而本次故障断路器是在分闸后 128 ms 电弧重燃，因此已经完全分闸到位，与回弹因素无关。

220 kV 线路 8 在 500 kV 变电站 8 外的 1 号杆塔（终端塔）上装设了带串联间隙的线路型避雷器，其避雷器雷电冲击 50% 放电电压不大于 900 kV，鉴于故障断路器的雷电冲击耐受电压为 1050 kV，推断故障过程为：在第一次雷击导致线路发生单相接地故障而跳闸后，故障相断路器处于热备用状态，第二次落雷的侵入时，过电压幅值小于900 kV，线路侧避雷器的间隙不动作，雷电侵入波传导至该断路器的线路侧断口处发生全反射，断口两侧的电位差将超过1050 kV，进而引起断口击穿，之后雷电波被泄流，终端杆塔上的线路侧避雷器不动作，这表明，终端塔上安装带串间隙线路型避雷器将无法对站内变电设备进行有效保护。

经计算，220 kV线路8的51~53号杆段雷电绕击导线的耐雷水平约为12 kA，故障期间52号杆塔附近5次落雷的雷电流幅值均大于12 kA避雷线未能有效屏蔽导线免受雷击；51、52、53号杆塔接地电阻值分别为5、6 Ω和4.5 Ω，相应的反击耐雷水平分别为87.1、89.2 kA和85.6 kA，故障时刻靠近51~53号杆塔有一落雷的雷电流幅值达213.5 kA，远超杆塔反击耐雷水平，且51~53号杆段均未安装有线路型避雷器等防范措施，造成雷击闪络故障跳闸。

断路器切除故障电流后不发生电弧重燃的条件是SF_6介质绝缘恢复速率大于瞬态恢复电压的上升速率，根据GB/T 1984—2014《高压交流断路器》和DL/T 402—2016《高压交流断路器》，对于252 kV系统，断路器开断100%额定短路电流时，瞬态恢复电压上升率2 kV/μs，瞬态恢复电压峰值374 kV，但是对于SF_6介质恢复到全绝缘的过程，目前没有标准和文献可参考，国内对220 kV断路器的研究认为在数百微秒内SF_6气体绝缘就能恢复到冷态的正常绝缘状态。

⚡ 3.1.9　220 kV线路9的线路侧断路器C相

3.1.9.1　基本情况

2019年6月23日 05时35分35.130秒，220 kV线路9发生C相接地故障，线路主保护动作，43 ms后220 kV线路9的线路侧断路器C相跳开；170 ms后C相再次出现故障电流，线路主保护及两套保护均跳三相断路器，但C相故障电流仍未切除，360 ms后启动母差失灵保护跳闸，故障电流持续时间约440 ms。

发生故障的220 kV线路9线路侧断路器本体C相型号为LW25-252，雷电冲击耐受电压为1050 kV，于2015年12月26日投运；220 kV线路9在站外1号杆塔（终端塔）上安装YH10CX4-204/592型带串联间隙线路型避雷器，故障时刻未有动作记录。

事后，在故障断路器灭弧室检测出SO_2特征气体，含量为219.6 μL/L。

3.1.9.2　雷电活动信息

故障期间，05时35分35.1282秒 ~ 05时35分35.6488秒期间，线路走廊监测有4个落雷，落雷位置与保护测距（距220 kV变电站9约5.3 km）基本吻合，如表3-11和表3-12所示。

表 3-11　雷电定位信息表

序号	落雷时刻	经度	纬度	雷电流幅值（kA）	落雷点
1	05时35分35.1282秒	109.6829	24.5108	−235.6	13～14号
2	05时35分35.3091秒	109.6834	24.5098	−75.3	
3	05时35分35.4405秒	109.6821	24.5091	−31.2	
4	05时35分35.6488秒	109.6817	24.5029	−13.8	

表 3-12　雷电监测信息查询结果报表

对象范围	线路：220 kV线路9；缓冲区半径（m）：1000						
时间范围	雷电：2019-06-23 00时01分00秒 ～ 2019-06-23 23时59分00秒						
序号	时间	经度（°）	纬度（°）	电流（kA）	回击	站数	最近距离（m）	最近杆塔号
1	03时07分27.268秒	109.6869	24.5132	−10.6	1	2	35	14～15
2	04时05分24.703秒	109.6534	24.5143	6.0	1	2	191	6～7
3	04时25分51.850秒	109.6902	24.5174	−2.7	0	2	301	15～16
4	04时28分52.326秒	109.6729	24.5126	112.0	0	3	211	11～12
5	04时48分01.130秒	109.7210	24.5173	−3.6	1	2	179	23～24
6	05时15分14.395秒	109.6518	24.5075	−8.6	1	2	509	6～7
7	05时30分51.858秒	109.6850	24.5099	−24.8	3	8	311	13～14
8	05时30分52.669秒	109.6890	24.5094	−46.6	0	7	446	14～15
9	05时30分52.468秒	109.6895	24.5095	−45.8	5	7	451	14～15
10	05时30分52.046秒	109.6869	24.5100	−20.2	0	8	342	14～15
11	05时30分52.588秒	109.6859	24.5100	−14.1	0	6	316	14～15
12	05时30分53.195秒	109.6855	24.5035	−11.3	0	4	949	13～14
13	05时30分53.518秒	109.6851	24.5091	−17.4	1	7	396	13～14
14	05时30分53.027秒	109.6888	24.5092	−43.5	0	6	467	14～15
15	05时35分35.648秒	109.6817	24.5029	−13.8	1	3	924	13～14
16	05时35分35.440秒	109.6821	24.5091	−31.2	0	9	329	13～14
17	05时35分35.309秒	109.6834	24.5098	−75.3	0	12	288	13～14
18	05时35分35.128秒	109.6829	24.5108	−235.6	3	10	176	13～14

3.1.9.3 故障断路器解体情况

解体故障断路器C相，发现动、静触头有烧蚀痕迹，灭弧室内存在大量白色放电粉末，如图3-22所示。

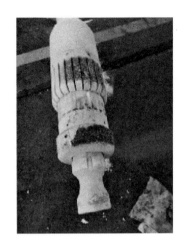

图 3-22　解体情况图

3.1.9.4 故障原因分析

第1次落雷，2064断路器C相跳闸后处于热备用状态。

第2次落雷，在重合闸（不低于0.8 s整定时间）动作前，再次遭受雷电侵入波（此时断口绝缘可能尚未完全恢复）。根据行波理论，断路器断口线路侧电压约为入射波的2倍。

220 kV线路9线路侧避雷器为YH10CX4-204/592型带串联间隙线路型避雷器，标称雷电冲击50%放电电压为900 kV，残压为592 kV，而故障断路器雷电冲击耐受电压为1050 kV，带串间隙线路型避雷器无法对站内变电设备进行有效保护。

⚡ 3.1.10　110 kV线路10的线路侧TA

3.1.10.1 基本情况

2020年8月26日故障前，110 kV线路10在220 kV变电站10侧的线路侧1869断路器处于热备用状态，对侧220 kV变电站的线路侧断路器合上，通过110 kV线路10给沿线的两个110 kV变电站供电。

15时26分41.35秒，220 kV变电站10处于热备用状态的110 kV线路10遭受雷击，引起B相（上相）雷电进波，4 ms后对侧变电站的110 kV线路10的线路距离保护Ⅱ段、零序保护Ⅱ段启动并出口跳闸。

15时52分22秒，110 kV线路10强送成功，15时56分28秒431毫秒对侧变电站的110 kV线路10距离保护Ⅱ段、零序保护Ⅱ段启动并出口再次跳闸，重合不成功，造成110 kV线路10沿线所连接的两个110 kV变电站全站失压或主变压器停运。

事后试验发现220 kV变电站10的110 kV线路10线路侧断路器TA（靠线路侧）的B相SO₂远超注意值，解体检查发现，故障TA内部二次屏蔽罩与将军帽之间的SF₆气体间隙击穿放电。

110 kV线路10的线路侧1869断路器型号为3AP1 FG，断口的雷电冲击耐受水平为650 kV（断口间）和550 kV（对地）；110 kV线路10的1869断路器TA型号为SAS123，雷电冲击耐受水平为550 kV，两者均为2009年12月投运，历史运维和预试情况正常。

110 kV线路10的线路侧无间隙避雷器型号为YH10W-108/281，标称放电电流下残压低于281 kV，2009年12月投运，由于变电站围墙内未预留安装位置，只能安装在终端塔N1上，该避雷器与110 kV线路10的线路侧断路器断口距离为76 m，与故障TA距离为67.3 m（TA距离开关断口8.7 m）；由于安装在变电站外的N1终端塔上，没有运行期间的动作记录，未能获得这次故障过程中的避雷器动作信息。

110 kV线路10总长40.612 km，共148基杆塔，平均档距270 m，N1~N73杆塔为同塔双回架设，其余为单回架设，雷击点（N9~N10杆塔）所在的杆塔相序为B-C-A（由上到下）。N1~N127塔，以及N128~N148的直线塔全部采用FXBW4-110/100-B型复合绝缘子，最小干弧距离1200 mm，正极性雷电冲击50%闪络电压为732.5 kV；N128~N148的耐张塔绝缘子为LXHP4-100型玻璃绝缘子，结构高度为146 mm，每串8片，电弧距离为1168 mm，正极性雷电冲击50%闪络电压为725 kV。

110 kV线路10共有62基杆塔安装三相线路带串联间隙的线路型避雷器，其中靠近220 kV变电站10前20基杆塔有6基杆塔装设线路型避雷器，分别为N3、N8、N11、N14、N16和N20，雷击点（N9~N10杆塔）两侧分别在N3、N8、N11和N14杆塔上安装YH10CX-102/296型线路避雷器，雷电冲击残压小于等于296 kV，其支撑件间隙距离为520 mm，雷电冲击放电电压为453 kV。

事后对N1~N27塔绝缘子、导线和避雷线进行精细化检查，均未发现放电烧蚀痕迹，考虑到最大雷电流幅值达到-52.5 kA，超过110 kV线路反击耐雷水平（50~60 kA），推断雷电直击塔顶或者避雷线，造成线路绝缘子发生闪络，但未建弧。

N1终端塔无间隙避雷器以及雷击点周围的杆塔（N3、N8、N11和N14）上的带串联间隙线路避雷器均未发现异常。

3.1.10.2 雷电活动情况

雷电定位系统信息显示，110 kV线路10接地故障期间，15时26分41秒350毫秒N9~N10杆塔遭受连续雷击，在400 ms内遭受主放电和8次回击，主放电的雷电流幅值达-52.5 kA，发生时刻与保护启动时刻（15时26分41秒354毫秒）完全对应，如表3-13所示。

表3-13 雷电定位系统信息

序号	落雷时间	电流幅值（kA）	雷击	参与定位探测站数	最近距离（m）	杆塔号
1	15时26分41.350秒	-52.5	主放电	32	360	9~10
2	15时26分41.527秒	-33.2	后续第1次回击	26	210	11~12
3	15时26分41.610秒	-14.0	后续第3次回击	14	290	11~12
4	15时26分41.633秒	-13.7	后续第4次回击	14	284	11~12
5	15时26分41.691秒	-18.9	后续第6次回击	18	252	11~12
6	15时26分41.719秒	-11.7	后续第7次回击	10	389	10~11
7	15时26分41.748秒	-12.6	后续第8次回击	13	411	10~11

连续雷击过程中，由于主放电通道电导率很高，而后续回击时间间隔很短，大多在数十毫秒到200 ms范围，共用同一个放电通道的概率较高，推断后续多次回击都击中导线，形成沿线路的雷电侵入波。

3.1.10.3 故障原因分析

雷电直击110 kV线路有两种方式：①雷电直击塔顶或者档距中央的避雷线；②雷电绕击导线。根据南方电网的统计数据，雷电直击和雷电绕击在110 kV线路跳闸中的占比约为2/3和1/3，可见，110 kV线路10的雷击故障以反击可能性较高。

（1）雷电直击塔顶或者档距中央避雷线的情形。雷电流沿着避雷线和杆塔进行分流，如果雷电流超过杆塔反击耐雷水平（50~60 kA），线路绝缘子上的电压可能超过雷电冲击 50% 闪络电压（玻璃绝缘子串和复合绝缘子串均在 730 kV 左右）而放电，同时，雷电流将通过绝缘子放电通道传递到导线，形成雷电侵入波，幅值受绝缘子串雷电冲击 50% 闪络电压的限制，将低于 730 kV。

（2）雷电绕击导线的情形。雷电流绕击导线后，将形成雷电侵入波往线路两侧的变电站形成雷电侵入波，如果雷电流足够大，可能造成线路绝缘子的击穿（雷电流乘上波阻抗高于绝缘子串雷电冲击 50% 闪络电压），将削弱雷电波的幅值，因此，雷电侵入波幅值亦低于 730 kV。

（3）线路安装带串联间隙线路避雷器的情形。带串联间隙的线路避雷器主要用于线路绝缘子的防雷保护，其串联间隙的雷电冲击放电电压为 453 kV，理论上，无论雷电直击还是绕击情形，雷电侵入波幅值超过 453 kV 时线路避雷器间隙将击穿动作，将沿线路的雷电侵入波限制在线路避雷器的残压（296 kV）以下。

综上分析，雷电侵入波过电压幅值将低于 296 kV，考虑到雷电波沿线的电晕损耗和雷电荷损耗，终端塔处的雷电侵入波幅值将更低。

根据雷电定位系统信息，故障期间 110 kV 线路 10 的 N9~N10 杆塔附近有落雷，故障相（B 相）位于这一段导线上下排列的上相，绕击概率较低，可认为雷电侵入波因雷击塔顶或避雷线引起的反击所造成，该连续雷击击中 N9 或 N10 杆塔塔顶或 N9~N10 档距的避雷线，通过杆塔向大地泄流，杆塔电位升高，考虑到主放电的雷电流幅值达到 52.5 kA，远远超过 110 kV 线路绕击绝缘水平（约 5 kA），且达到反击耐雷水平（50~60 kA），大概率发生反击，杆塔电位与系统电压电位差将超过绝缘子的雷电冲击耐受值，导致 B 相绝缘子闪络。

根据 DL/T 620—1997《交流电气装置的过电压保护和绝缘配合》附录 C，由式（3-1）计算出雷击塔顶过电压最大值 U_t 为 834 kV，该电压值已超过线路绝缘水平，将造成线路绝缘子击穿。

$$U_t = \beta I(R_i + \frac{L_t}{\tau_f}) \tag{3-1}$$

式中：U_t 为塔顶过电压最大值，kV；β 为有地线杆塔分流系数，110 kV 线路10全线配置双避雷线，β 取 0.86；I 为雷电流幅值，取 52.9 kA；R_i 为杆塔冲击接地电阻，取 10 Ω；L_t 为杆塔电感，取 10 μH；τ_f 为雷电流波头，取 1.2 μs。

绝缘子雷电冲击闪络后转化为稳定的工频电弧存在建弧率，根据 GB/T 50064—2014《交流电气装置的过电压保护和绝缘配合设计规范》附录 D，由式（3-2）计算得到中性点有效接地系统的绝缘子建弧率约为 31%，即存在较大的未建弧可能性，不会引起线路保护动作跳闸。

$$\eta = (4.5E^{0.75} - 14)(\%) = 4.5\left(\frac{U_N}{\sqrt{3}L_1}\right)^{0.75} - 14(\%) = 31\% \qquad （3-2）$$

根据故障录波图以及 N1~N27 塔绝缘子、导线和避雷线检查未发现放电烧蚀痕迹的情况，可以确认反击后未形成稳定的工频电弧，由于线路未跳闸，雷电行波沿线路向两侧的变电站传播，形成雷电侵入波。

相对输电线路来说，雷电直击变电站的概率较低，变电站设备雷电防护主要针对雷电侵入波，主要依赖线路侧避雷器；而对于雷电侵入波来说，线路侧断路器断口、线路侧 TA 和线路侧避雷器首当其冲。

220 kV 变电站 10 的 110 kV 线路 10 的线路侧断路器断口和 TA 的雷电冲击耐受电压分别为 650 kV 和 550 kV，满足 GB/T 50064—2014《交流电气装置的过电压保护和绝缘配合设计规范》要求。

220 kV 变电站 10 原设计未考虑在 110 kV 线路 10 安装线路侧避雷器，后执行反事故技术措施而加装了线路侧避雷器，但由于站内未预留安装位置，将避雷器安装在变电站外终端塔（N1 塔）上；线路侧避雷器为 YH10W-108/281 型 110 kV 复合外套无间隙金属氧化物避雷器，标称放电电流（10 kA）下的雷电冲击残压不低于 281 kV，满足绝缘配合的配置要求。

然而，与线路侧避雷器安装位置存在一定距离的设备上，承受的雷电冲击电压幅值将高于避雷器端部电压（残压），距离线路侧断路器断口越远，避雷器的保护效果越差，亦即线路侧避雷器的雷电冲击保护裕度越低，可能导致避雷器在雷电侵入波下的保护性能失效。

根据以上分析，结合雷电定位系统信息和故障录波图，以及 110 kV 线路 10 的

B 相 TA 解体检查情况，推断 TA 故障根本原因为连续雷击直击 110 kV 线路 10 的塔顶或避雷线，对绝缘子反击后未形成稳定的工频电弧，沿线路形成向变电站的雷电侵入波，经过 N1 杆塔终端避雷器后，在热备用状态的线路侧断路器断口发生反射，产生幅值较高的雷击过电压，导致 TA 将军帽、一次导杆屏蔽管等多处先后对 TA 二次屏蔽罩发生击穿放电。

3.2 线路侧断路器典型故障案例的侵入波过电压计算

⚡ 3.2.1 仿真计算模型

通过对上述 10 起连续雷击引发线路侧断路器断口重击穿故障案例分析，除去选择带串联间隙的线路型避雷器保护线路侧断路器失效的情形，理论上，线路侧无间隙避雷器与线路侧断路器断口的距离成为影响避雷器保护效果的重要因素，应控制两者的距离，选择有代表性的 220 kV 线路 4 因线路避雷器与线路侧断路器安装距离较远，而在连续雷击过程中引发线路侧断路器断口重击穿故障案例，利用 PSCAD/EMTDC 仿真软件，建立输电线路和雷电侵入波仿真模型，根据第 2 章连续雷击电流模型库给出的雷电流波形，对连续雷击过程中线路避雷器断口过电压进行计算，以了解故障断路器的断口暂态过电压水平。

220 kV 变电站 4 的 220 kV 线路 4 线路侧断路器 B 相的型号为 3AP1-F1，对侧电厂线路侧断路器型号为 GSP-245EH，断路器断口绝缘耐受强度相同；线路侧避雷器型号均为 YH10WX-216/562；220 kV 线路 4 全长 16.98 km，设置雷击点为 5 号塔 B 相，距 220 kV 变电站 4 约 15.7 km，属于对侧电厂近区落雷情形（距离电厂升压站约 1.3 km）。故障过程和雷电定位系统信息详见 3.1.4 节。

根据收集到的 220 kV 线路 4 故障区段线路资料和 220 kV 变电站 4 站内主接线资料，利用 PSCAD/EMTDC 建立雷电线路和雷电侵入波仿真模型如图 3-23 所示，设置与 220 kV 变电站 4 距离为 15.7 km 处雷电绕击 B 相。考虑断路器的变电站侧触头存在的系统运行电压，且电压相位处于正峰值（幅值为 205.73 kV）这一最严重情形，断路器断口间正常状态下的雷电冲击耐受电压水平为 1050 kV+206 kV。

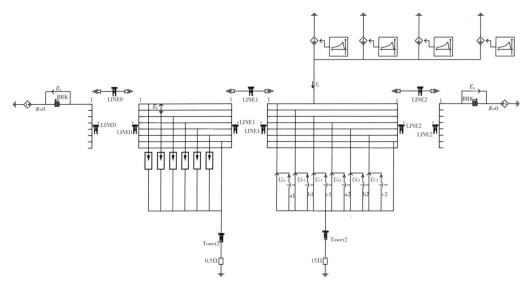

图 3-23 220 kV 线路 4 的线路侧断路器故障仿真模型

根据 3.1.4 中断路器故障和雷击信息的时间对应关系，得出连续雷击过程的首次回击（主放电）中，电流幅值（-18.0 kA）超过线路绕击耐雷水平（12~13 kA），引起绝缘子闪络并建弧，线路侧断路器动作；后续第 2 次与第 4 次回击的雷电流幅值（-19.3 kA、-28.3 kA）也将引起绝缘子闪络，所造成的雷电侵入波幅值不高；真正造成断路器损坏实际上是第 3 次回击，与首次回击相隔 232 ms，该回击电流幅值较小，绕击导线后的雷电侵入波在断路器断口发生全反射，最终引起断口电弧重燃，与再次出现线路故障电流的时刻对应，确认该回击引发故障。

故障期间经历一个包含 4 个回击的连续雷击过程（详见 3.1.4 节），根据 2.3.5 节不同频次的严苛连续雷击等效电源模型得出仿真计算用负极性连续雷击波形如图 3-24 所示，需要说明的是，由于回击间隔为数十毫秒量级，而回击持续数十微秒量级，为了展示回击波形及其引起的过电压细节，人为地调整回击间隔为 1~2 ms，不影响计算结果，下同。

（1）首次回击为 1/200 μs 的 Heidler 波形，-18.0 kA。

（2）后续第二次回击为 0.28/26.4 μs 的复合函数波形，-19.3 kA。

（3）后续第三次回击为 0.34/26.2 μs 的复合函数波形，-9.3 kA。

（4）后续第四次回击为 0.20/26.6 μs 的复合函数波形，-28.3 kA。

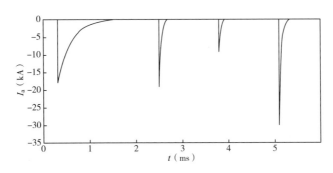

图 3-24　220 kV 线路 4 的线路侧断路器故障期间连续雷击波形

3.2.2　仿真计算结果和分析

根据 3.1.4 节的故障过程分析，输入引起故障的第三次回击电流波形（幅值 -9.3 kA，0.34/26.2 μs），计算得到 220 kV 线路 4 的线路侧断路器和避雷器上的电压波形，其中断路器断口电压取绝对值，如图 3-25 所示，可以看出，避雷器端部电压幅值为 532 kV，断路器断口电压最大可达 1096 kV，约为断路器断口间正常状态下的雷电冲击耐受电压水平（1050 kV+206 kV）的 87.2%，此时距离断路器断口完全开断的时间间隔仅为 180 ms，断路器断口弧后 SF$_6$ 介质的绝缘强度尚未恢复到正常的雷电冲击绝缘强度（伏秒特性上对应于该次回击波头时间 0.34 μs 的冲击击穿电压），考虑到连续雷击的回击间隔内断路器断口弧后 SF$_6$ 气体绝缘强度下降，该过电压引起断口击穿重燃。

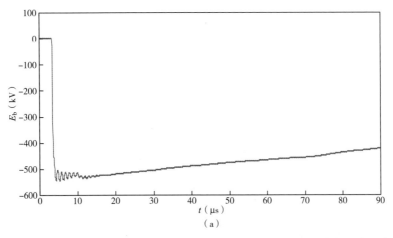

图 3-25　220 kV 线路 4 的 220 kV 变电站 4 线路侧断路器和避雷器电压波形（一）

（a）线路侧避雷器电压波形

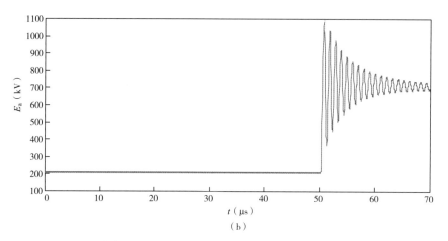

图 3-25 220 kV 线路 4 的 220 kV 变电站 4 线路侧断路器和避雷器电压波形（二）

（b）断路器断口电压波形

作为比较，220 kV 线路 4 对侧电厂处的线路侧断路器和避雷器上电压波形如图 3-26 所示，可以看出，避雷器端部电压为 526 kV，断路器断口电压最大为 840 kV，波形振荡幅度减小，明显低于 220 kV 变电站 4 侧的水平，只有断路器断口间正常状态下的雷电冲击耐受电压水平的 66.9%，断路器断口重燃的风险下降，这从事故过程中对侧电厂的线路侧断路器断口绝缘没有发生重击穿而得到佐证。

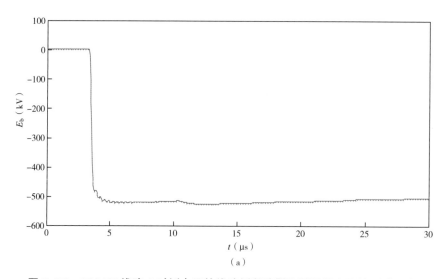

图 3-26 220 kV 线路 4 对侧电厂的线路侧断路器和避雷器电压波形（一）

（a）线路侧避雷器电压波形

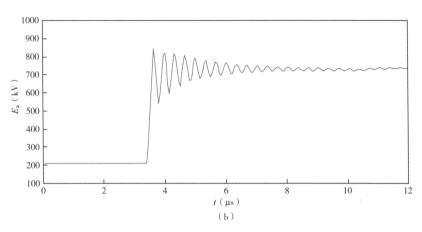

图 3-26　220 kV 线路 4 对侧电厂的线路侧断路器和避雷器电压波形（二）

（b）断路器断口电压波形

220 kV 线路 4 电厂侧断路器断口过电压较低的主要原因，是线路侧避雷器安装在电厂升压站内，与线路侧断路器的距离较近（仅有 33 m），低于 220 kV 变电站 4 的线路侧断路器与线路侧避雷器的距离（77 m），尽管处于近区落雷的最严苛情形，避雷器仍能起到较好的保护作用，相反，引起 16.98 km 线路对侧的 220 kV 变电站 4 的线路侧断路器击穿重燃。

由仿真结果的比较可见，220 kV 线路 4 的线路侧避雷器与线路侧断路器之间的安装距离较远（77 m），是线路侧避雷器保护失效的主要原因。

从本故障案例可以推断，连续雷击过程回击间的短时间间隔内，断口间雷电冲击耐受电压降至正常状态下的雷电冲击耐受电压水平的 70%~85% 之间，因断路器断口的型式和结构而有所不同。

3.3　连续雷击引发线路侧避雷器热崩溃典型故障案例

3.3.1　500 kV 线路 11 的线路侧避雷器 A 相

3.3.1.1　基本情况

2019 年 4 月 11 日 22 时 07 分 29 秒，500 kV 线路 11 发生 A、B 相间短路故障，线路跳闸，重合闸闭锁。22 时 45 分 39 秒，强送后立即出现 A 相接地故障，线路跳闸。现场巡查发现 500 kV 线路 11 的线路侧避雷器 A 相损坏，防爆阀动作，喷弧口下方瓷套表面熏黑，放电计数器烧毁。B、C相避雷器外观未见异常，检查B相避雷器放电计数器记录动作1次，C相避雷器未动作，现场情况如图3-27所示。

图 3-27　故障避雷器现场情况

事后对500 kV线路11的线路侧避雷器进行试验，故障的A相避雷器绝缘电阻小于5 MΩ，无法进行直流泄漏试验，B、C相避雷器直流泄漏试验合格。

对500 kV线路11巡视发现N38塔小号侧10余米处A、B相子导线均有明显的放电痕迹，判断漂浮物引发相间短路。

500 kV线路11的线路侧避雷器型号为Y20W2-444/1050B1，额定电压444 kV，持续运行电压350 kV，直流1 mA电压不低于597 kV，2016年3月投产。

3.3.1.2　雷电活动情况

故障期间，500 kV变电站11及500 kV线路11周边为强对流天气。查询雷电定位系统信息，线路相间短路跳闸时刻前后5 min，线路半径1 km范围内雷电数较少，仅有2个；线路相间短路跳闸后到强送前（22时07分至22时45分）的38 min内，线路半径1 km范围内共有38个雷电。

查询线路故障精确定位装置，在相间短路跳闸后至强送前，A相线路上共检测到11个雷电波形信号，其中9个与雷电定位系统查询结果时间准确对应（发生在线路强送前15 min），如表3-14所示，通过时间、回击、与变电站距离分析，序号1、2为一组雷电，序号3、4、5、6为一组雷电，序号7、8为一组雷电，每组中雷电间隔时间几十毫秒至数百毫秒，据此，可判断A相线路受到连续雷击。

表 3-14　故障精确定位系统与雷电定位系统对应

序号	时间	电流（kA）	回击	站数	距离（m）	最近杆塔号	距变电站距离（km）
1	22时30分56.897秒	−6.5	后续第1次回击	5	469	40～41	17.862
2	22时30分56.982秒	−25.8	后续第2次回击	27	274	38～39	18.778
3	22时39分23.784秒	−16.8	后续第3次回击	13	239	59～60	9.16
4	22时39分24.082秒	−23.4	后续第5次回击	20	521	59～60	9.16
5	22时39分24.201秒	−20.3	后续第8次回击	16	315	59～60	9.16
6	22时39分24.392秒	−16.1	后续第10次回击	12	9	59～60	9.16
7	22时40分50.215秒	−12.8	主放电（含6次后续回击）	11	339	69～70	4.58
8	22时40时50.631秒	−20.3	后续第4次回击	17	433	67～68	5.496
9	22时42分06.643秒	−9.9	主放电（含7次后续回击）	10	311	41～42	17.404

500 kV线路绕击耐雷水平约为25 kA，雷电流接近于耐雷水平时，雷电绕击对避雷器造成的影响最大；上述9个雷电中，有4个雷电流幅值超过20 kA，2个在15~20 kA，1个在10~15 kA，2个小于10 kA。

3.3.1.3　故障避雷器解体情况

500 kV线路11线路侧避雷器为瓷套型避雷器，由3节独立结构串联而成，检查故障的A相外观，瓷套及法兰完好，三节避雷器的防爆阀都已动作，喷出的高温气体将端部的盖板熏黑，并在瓷套表面上形成烧灼痕迹，如图3-28和图3-29所示。

检查密封面干净光洁，密封胶圈无变形，弹性良好。避雷器密封面和密封胶圈未见异常，推断避雷器密封良好。

将避雷器内部芯体抽出，发现芯体从中部断裂，电阻片碎裂，绝缘杆熔断，如图3-30所示。

电阻片碎裂部位呈不规则形状，电阻片侧面绝缘釉保持完整，未见电弧通道，如图3-31所示。

芯体绝缘未见异常，故障电流从电阻片内部通过造成碎裂，排除受潮导致芯体绝缘不良。

图 3-28　瓷套表面烧灼痕迹

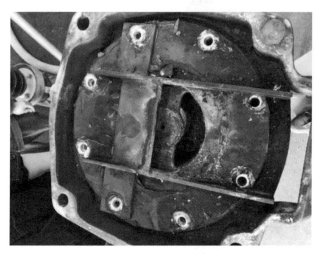

图 3-29　端部盖板熏黑

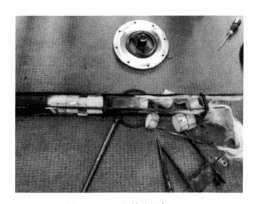

图 3-30　芯体断裂

图 3-31　电阻片碎裂

3.3.1.4　故障原因分析

从避雷器解体情况看，密封面及密封胶圈正常，近三年的预试结果正常，因此可排除避雷器密封不良内部受潮而造成本起故障。

线路相间短路故障及跳闸后的操作过电压未使避雷器损坏。从录波图（见图3-32）可知，在A、B相间短路时刻，两相电压波形发生畸变，电压幅值降低，系统未出现零序电流，说明A相线路未发生接地故障，因此判断在A、B相间短路期间避雷器未损坏。

线路强送合闸后C相电压接近零电位，C相电流大幅增加，呈正弦波形，零序电流大幅增加，且与C相电流幅值相同，极性相反，故障类型为C相接地短路。故障持续约2个周波，约40 ms。

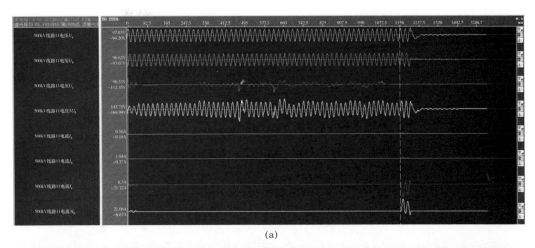

(a)

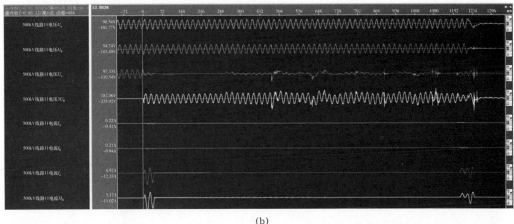

(b)

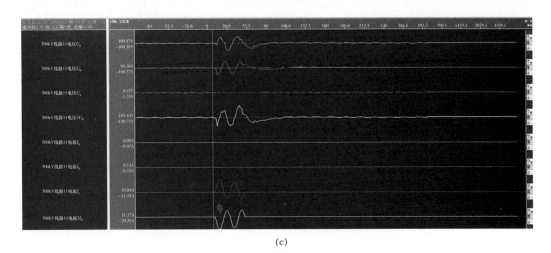

(c)

图 3-32 故障录波图

（a）500 kV 线路 11 的 500 kV 变电站 11 的 C 相接地跳闸和重合闸录波图；（b）500 kV 线路 11 的对侧
500 kV 变电站的 C 相接地跳闸和重合闸录波图；（c）线路强送时录波图

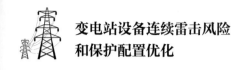
在线路跳闸后，A、B相立即产生两个操作过电压，峰值电压超过避雷器动作电压，计算避雷器在两个操作过电压期间吸收的能量可使避雷器内部温升37.6 K，而避雷器设计最高耐受温升为100 K，因此A、B相避雷器能够耐受两次操作过电压冲击。现场对B相避雷器试验结果也证实避雷器正常。

500 kV线路11的A相在相间短路跳闸后经历9次雷电绕击，其中8个属于连续雷击；4个雷电流超过20 kA；2个距离变电站约5 km，4个距离9 km；而A相线路位于下相，是雷电绕击概率较高的相别。

GB/T 11032—2020《交流无间隙金属氧化物避雷器》中动作负载试验规定，电阻片需能耐受两次冲击，间隔时间为50~60 s，即在两次冲击试验间隔，电阻片温升恢复正常，未考虑避雷器耐受百毫秒级连续雷击的严苛工况。A相线路遭受连续雷击后，避雷器在百毫秒的短时间间隔内多次流经大电流，累积吸收过多的能量，导致电阻片快速劣化，将无法继续承受后续的系统电压，这一点，由录波图上线路强送5.6 ms后A相避雷器即发生接地短路得到佐证。

因此，本次故障发生和发展的过程为：500 kV线路11的A、B发生相间故障，线路跳闸后A、B相避雷器经受两个操作过电压，避雷器动作但并未损坏；在线路强送前15 min内，A相线路遭受9次雷电绕击，A相避雷器短时间内连续吸收连续雷击行波的能量，电阻片快速劣化，线路强送后5.6 ms，避雷器在系统电压下发生热崩溃，短路接地，防爆阀动作，持续时间40 ms的工频短路电流将避雷器内部芯体烧毁。

3.3.2　500 kV线路12的线路侧避雷器C相

3.3.2.1　基本情况

2019年9月14日19时41分29秒，500 kV线路12发生C相接地故障，保护动作跳开线路C相，1078 ms后重合，C相仍有接地故障，线路三相跳闸；20时50分500 kV变电站12侧强送500 kV线路12后立即出现C相接地故障，线路跳闸。

500 kV线路12线路侧避雷器C相防爆阀动作，瓷外套表面有烧蚀痕迹，放电计数器烧毁，引线烧断，现场散落少量电阻片碎块，现场照片如图3-33所示；健全相（A、B相）避雷器及放电计数器外观无异常，直流泄漏试验合格。

| (a) | (b) |
| (c) | (d) |

图 3-33　500 kV 线路 12 线路侧避雷器 C 相故障现场

（a）故障避雷器情况；（b）放电计数器引线烧断；（c）放电计数器烧毁；（d）电阻片碎块

500 kV 线路 12 全长约 40 km，共有 93 基杆塔，2019 年投运。

500 kV 变电站 12 的 500 kV 线路 12 避雷器型号为 Y20W1-444/1063 W，直流 1 mA 电压不低于 600 kV，持续运行电压 340 kV，2002 年 6 月投运，运行后试验结果正常；对三相避雷器放电计数器检查，C 相放电计数器残骸上计数较最近一次抄表记录增加 1 次，而 A 相和 B 相计数未增加。

对侧500 kV变电站三相避雷器外观无异常，C相放电计数器计数较最近一次抄表记录增加7次，A相和B相计数未变化。

3.3.2.2　雷电活动情况

故障当天500 kV变电站12和500 kV线路12周边为雷雨天气；事后对500 kV线路12巡视发现N13塔C相（下相）绝缘子及上均压环有明显放电痕迹，判断为雷击造成。

查询雷电定位系统信息，设置线路走廊半径2 km，在线路C相接地短路跳闸前1 h共查询到393次落雷，雷电活动剧烈；在线路C相接地短路跳闸时刻前后5 min，共查询到72次落雷；在线路跳闸后至强送的69 min内，共查询到350次落雷。500 kV线路12的C相接地故障（19时41分29秒）前后1 min分布式故障精确定位装置信息显示，C相线路有10个雷击信号，全部能够与雷电定位系统时间上准确对应，如表3-15所示。

表3-15　故障精确定位结果与雷电定位系统对应情况

分布式故障精确定位系统结果			对应雷电定位系统结果			
序号	时间	定位杆塔号	电流（kA）	回击	距离（m）	最近杆塔号
1	19时41分29.404秒	13	−20.7	后续第1次回击	267	13～14
2	19时41分29.846秒	13	−16.3	后续第3次回击	90	13～14
3	19时41分29.948秒	13	−40.6	后续第5次回击	53	13～14
4	19时41分29.995秒	13	−5.6	后续第6次回击	862	11～12
5	19时41分30.039秒	14	−11.4	后续第7次回击	241	13～14
6	19时41分30.156秒	13	−6.7	后续第9次回击	433	13～14
7	19时41分30.264秒	13	−20.1	后续第10次回击	355	13～14
8	19时41分30.376秒	13	−4.9	主放电（含5次后续回击）	367	13～14
9	19时41分30.459秒	12	−15.6	后续第2次回击	423	12～13
10	19时41分30.600秒	13	−7.6	后续第4次回击	1,081	13～14

3.3.2.3　故障避雷器解体情况

故障避雷器为瓷套型避雷器，由3节组成，每节为独立结构，外观和瓷套结构完好，喷弧口下方瓷套表面有高温烧蚀痕迹，瓷套表面有少量积污，法兰完好，三节避雷器防爆阀都动作。

三节避雷器密封面和密封胶圈未见异常，芯体绝缘未见异常，推断避雷器密封良好，由于故障电流从电阻片内部通过造成碎裂。

将避雷器内部芯体抽出，发现芯体绝缘筒表面熏黑，有破裂痕迹。将芯体内电阻片取出后，发现上节电阻片已呈粉碎状，中节和下节电阻片除部分碎裂外，大部分都保持完整。对比不同电阻片碎块的断面，发现颜色不同，部分电阻片断面有受高温灼烧变黑的痕迹，而部分电阻片断面呈原本的深绿色，如图 3-34 所示。

图 3-34　电阻片断面不同状态图

对于电阻片断口的两种状态，推测电阻片应是受到 2 次大电流冲击：第 1 次冲击后，部分电阻片碎裂；在第 2 次冲击时，碎裂电阻片断口位置被高温灼烧变黑，剩余的部分完好电阻片发生碎裂。

3.3.2.4　故障原因分析

（1）线路 C 相接地短路跳闸的录波图分析。500 kV 变电站 12 侧录波如图 3-35 所示。在故障起始时刻，C 相电压发生畸变，C 相电流大幅增加，零序电流产生，与 C 相电流大小相等、极性相反，故障类型为 A 相间接地短路。故障持续约 2 个周波，约 40 ms；线路 C 相跳闸后约 1 s，重合闸动作，C 相电压接近零电位，C 相电流大幅增加，零序电流产生并且与 C 相电流大小相等、极性相反，故障类型为 A 相间接地短路。故障持续约 2 个周波，约 40 ms；在 C 相线路跳闸后至重合闸前，C 相上

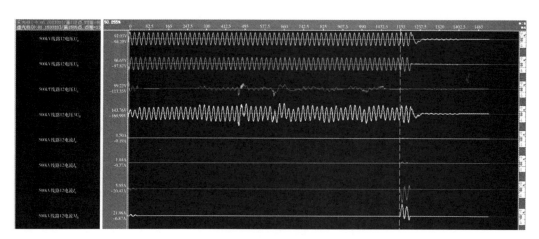

图 3-35　500 kV 变电站 12 侧线路 C 相接地短路跳闸和重合闸录波图

出现较为明显的感应电压，并且存在脉冲波形。

对侧 500 kV 变电站侧录波如图 3-36 所示。线路 C 相接地短路故障和后续重合闸波形与 500 kV 变电站 12 相似，在重合闸时，C 相电压波形发生畸变；在线路 C 相跳闸后至重合闸前，C 相上除出现感应电压外，存在明显脉冲波形，共有 11 个明显的脉冲波形；在 C 相重合闸失败跳闸后，C 相又出现 2 个脉冲电压波形。

对比两侧变电站录波图，重合闸时 500 kV 变电站 12 的 C 相电压畸变较为剧烈，电压几乎为零，而对侧变电站 C 相电压畸变相对小。在线路 C 相跳闸后至重合前接近 1 s 时间内，对侧变电站 C 相电压上有更加明显的脉冲电压信号，如图 3-36 所示。

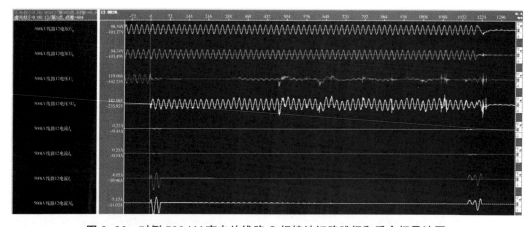

图 3-36　对侧 500 kV 变电站线路 C 相接地短路跳闸和重合闸录波图

（2）线路强送后跳闸的录波图分析。线路强送合闸后 C 相电压接近零，C 相电流大幅增加，呈正弦波形，零序电流大幅增加，且与 C 相电流幅值相同，极性相反，故障类型为 C 相接地短路，故障持续约 2 个周波，如图 3-37 所示。

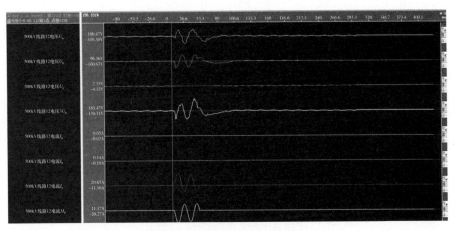

图 3-37　线路强送时录波图

（3）避雷器故障时间分析。避雷器故障主要经历三个阶段，一是发生线路 C 相接地故障，二是重合闸不成功，三是强送不成功。由于故障发生时，500 kV 变电站 12 附近为雷雨天气，不具备现场巡视条件，因此无法从现场巡视方面提供避雷器故障具体时间信息。

线路 C 相接地短路时刻。通过保护测距、现场巡线、雷电定位系统查询结果、分布式故障精确定位系统查询结果，确认该接地故障为电流幅值 −31.9 kA 的雷电绕击 C 相线路，过电压造成 N13 塔 C 相绝缘子击穿，此时避雷器未发生故障。

线路 C 相重合闸时刻。重合闸时立即发生 C 相接地故障，需判断故障发生地点。考虑到重合闸失败时故障电流为 38 kA，远大于线路绝缘子闪络跳闸时的故障电流（10.9 kA），说明重合闸时故障应不同于线路跳闸时故障，依据录波图，500 kV 变电站 12 侧 C 相电压趋近于零电位，而对侧变电站 C 相电压有畸变，但是呈正弦波形，并且有一定幅值，推断此时故障点距 500 kV 变电站 12 较近，推断故障点在 500 kV 变电站 12 内部，而现场检查及后续试验未见站内其他设备异常，对避雷器解体结果显示电阻片应受到 2 次大电流冲击，这 2 次冲击应是重合闸时故障电流和强送时故障电流。由此推断重合闸时短路接地点为 500 kV 变电站 12 的 500 kV

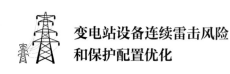

线路12避雷器C相，此时避雷器已经发生损坏。

线路强送时刻。在强送线路时，故障测距为0.01 km，显示故障在站内，应是避雷器接地短路造成。强送时录波图波形与重合闸时相近，C相电压同样趋近于零电位，故障电流为41.9 kA，也与重合闸故障电流相近。

综上所述，推断避雷器在C相线路重合闸时已经故障损坏，强送时加剧了避雷器内部烧损。

（4）故障过程分析。19时41分29秒372毫秒，500 kV线路12的N13塔附近C相线路受雷电绕击（雷电流幅值为–31.9 kA），雷击过电压造成N13塔C相绝缘子闪络，线路C相接地短路跳闸。

线路C相接地短路至重合闸间隔时间约为1 s，对侧500 kV变电站录波图中，500 kV线路12的C相电压有明显的脉冲波形，有11个脉冲电压发生时间与雷电定位系统精确对应，这些雷电及造成线路C相接地短路雷电详细信息如表3-16所示，可以看出录波图、雷电定位系统、分布式故障精确定位装置结果对应良好；这些雷电属于2个雷云放电过程，分别包含主放电和后续回击，并且大部分雷击位置在N13杆塔附近。

本次12个雷电中，有2个雷电流幅值超过线路耐雷水平（约22 kA），1个在20～22 kA，2个在15～20 kA，1个在10～15 kA，6个雷电流幅值小于10 kA；每组雷电的回击时间间隔为几十微秒至几百微秒。

对侧500 kV变电站C相避雷器放电计数器计数增加7次，说明500 kV线路12的C相线路遭受多次雷电绕击，过电压侵入波导致变电站内避雷器动作。

表3-16　录波图上脉冲电压与雷电定位系统对应结果

序号	时间	电流（kA）	回击	距离（m）	最近杆塔号
1	19时41分29.372秒	–31.9	主放电（含10次后续回击）	19	13～14
2	19时41分29.846秒	–16.3	后续第3次回击	90	13～14
3	19时41分29.848秒	–6.7	后续第4次回击	1127	1
4	19时41分29.948秒	–40.6	后续第5次回击	53	13～14
5	19时41分29.995秒	–5.6	后续第6次回击	862	11～12

续表

序号	时间	电流（kA）	回击	距离（m）	最近杆塔号
6	19时41分30.039秒	−11.4	后续第7次回击	241	13~14
7	19时41分30.156秒	−6.7	后续第9次回击	433	13~14
8	19时41分30.265秒	−20.1	后续第10次回击	355	13~14
9	19时41分30.376秒	−4.9	主放电（含5次后续回击）	367	13~14
10	19时41分30.447秒	−6.8	后续第1次回击	179	13~14
11	19时41分30.459秒	−15.6	后续第2次回击	423	12~13
12	19时41分30.466秒	−8.1	后续第3次回击	399	12~13

（5）故障原因分析。故障避雷器运行维护和预防性试验结果正常，故障前状况良好；从解体情况看，密封面及密封胶圈正常，可排除避雷器密封不良内部受潮而造成故障。

在 C 相线路跳闸后直到重合闸前的约 1 s 时间内，线路遭受 11 次雷电绕击，属于两次放电过程，第 1 次包含 7 次后续回击（主放电为绕击线路导致跳闸雷电），第 2 次包含主放电和 2 次后续回击。C 相线路位于下相，是雷电绕击概率较高的相别。

GB/T 11032—2020《交流无间隙金属氧化物避雷器》中动作负载试验规定，电阻片需能耐受两次长持续时间电流冲击，间隔时间为 50~60 s，未考虑避雷器耐受间隔时间毫秒级连续雷击的严苛工况，与避雷器故障实际工况不一致。C 相线路遭受连续雷击后，避雷器在百毫秒时间间隔多次流经大电流，短时间的高水平能量累积造成电阻片快速劣化，已无法继续承受后续的系统电压，这一点，由录波图上重合闸时 C 相电压接近零电位得到佐证。

因此本次故障原因为，500 kV 线路 12 遭受雷电绕击发生 C 相接地故障，在线路跳闸后到重合闸的约 1 s 时间内，C 相线路遭受 11 次雷电绕击，C 相避雷器短时间内连续吸收连续雷击过电压的能量，电阻片发生快速劣化，线路重合时，避雷器在系统电压下发生热崩溃，短路接地，防爆阀动作，持续时间 40 ms 的工频短路电流使得避雷器内部电阻片损坏，之后强送时，已经损坏的避雷器内部再次流过大电流，内部电阻片继续烧损。

⚡ 3.3.3 500 kV线路13的线路侧避雷器A相

3.3.3.1 基本情况

2013年4月25日20时05分，500 kV线路13在距离500 kV变电站13约15 km（离对侧变电站约22 km）处发生雷击单相短路故障，站内主 I 、主 II 保护动作，500 kV线路13的线路侧断路器A相跳闸（A相为双回路塔的上相），重合不成功。

故障后约570 ms，线路A相出现一个幅值达873.6 kV的过电压（见图3-38），怀疑该过电压是雷电流在对地泄放过程中产生反击形成的入侵变电站雷电波，初步判断避雷器在雷电波冲击下受到一定损伤。

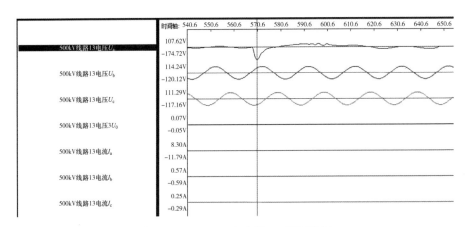

图 3-38　500 kV 变电站 13 侧录波图

故障后1.133 s，在500 kV线路13的线路侧断路器A相重合闸之后，避雷器承受工频电压约354 ms后，避雷器击穿，保护动作跳开线路侧断路器三相。

因怀疑故障后约570 ms的异常过电压为雷电侵入波，考虑雷电波形成后向线路两侧传递，通过对侧变电站的故障录波，发现对侧变电站在故障后约569 ms，也出现一最高电压达858.4 kV的过电压（见图3-39）。

事后多次巡查未发现线路雷击故障点，第二天强送过程中发现500 kV线路13的线路侧避雷器A相有冒烟现象。

综合以上分析，初步判断此次故障是由于雷击引起，随后由于避雷器损坏故障造成强送不成功。

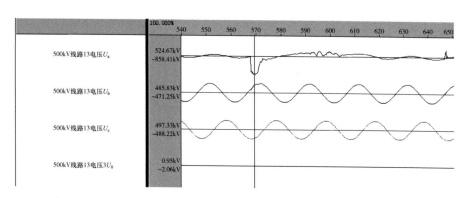

图 3-39 对侧变电站录波图

500 kV 线路 13 全长 41.11 km，线路侧避雷器型号为 Y20W5-444/1063 W，额定电压 444 kV，持续运行电压 324 kV，1997 年 12 月投运前的交接验收试验数据合格，但 2010 年开始用带电测试替代停电直流泄漏试验，尽管试验结果满足要求，但因每次带电测试仪器不同而导致数据波动较大，难以掌握其趋势；故障后对非故障相的 B、C 相避雷器在拆除前进行的直流泄漏电流试验结果显示，避雷器的直流泄漏电流接近或超过相关规程要求（50 μA）。

3.3.3.2 雷电活动情况

从雷电定位系统上查询，故障期间 20 时 05 分先后有 4 次落雷，即有 4 次回击组成的连续雷击过程，雷击电流达 7.9~23.4 kA，距离 500 kV 线路 13 的 43 号和 47 号段线路 49~199 m，详见表 3-17。

表 3-17 雷电定位系统故障时刻查询结果

序号	时间	雷电流幅值（kA）	回击	间隔时间（ms）	距离（m）	最近杆塔号
1	20 时 05 分 06.6544 秒	-23.4	主放电	—	199	46 ~ 47
2	20 时 05 分 06.6789 秒	-11.1	后续第 1 次回击	24	49	43 ~ 44
3	20 时 05 分 07.2478 秒	-20.6	后续第 2 次回击	569	74	44 ~ 45
4	20 时 05 分 07.3267 秒	-7.8	后续第 3 次回击	79	864	59 ~ 60

3.3.3.3 避雷器解体情况

1. 故障相避雷器

故障避雷器分上、中、下三节，均由 49 片 30 kA、ϕ 115 mm 的大尺寸电阻片串联组成，上节有两柱均压电容，由 36 个 700 pF 的均压电容串联，外面由环氧玻璃丝缠绕；中节有一柱均压电容；下节无均压电容。每节避雷器均充微正压氮气，压力要求值为0.03～0.05 MPa。

故障相线路侧避雷器三节防爆膜全部动作冲开，上节瓷套受损破碎，但未断裂，在拆除该避雷器时捆绑用吊车放至地面的过程中上节被吊带勒紧，倾斜放至地面时断裂；中、下节外瓷套则完整，见图3-40。

（a）   （b）

图3-40　故障相避雷器现场图

（a）上节外瓷套；（b）中节和下节防爆膜动作冲开

由于500 kV线路13的线路侧避雷器底座是采用老式存在绝缘弱点的非一体化底座，由于运行年久，加上故障期间大雨，雨水进入小瓷套内部导致底座支撑绝缘和构架直接连通，短接了避雷器计数器，从而导致避雷器流过雷电流时，避雷器计数器没有动作记录。事后试验发现避雷器底座绝缘电阻为0 MΩ。

上节避雷器一柱电阻片及支撑绝缘杆、两柱均压电容，以及绝缘筒已烧损得面目全非，内部电阻片已破碎，无法确定故障起始点，缺乏分析价值，只对避雷器的密封状况进行解体检查，确认避雷器两端密封情况良好。

故障相中、下节避雷器瓷套完整，中节内部电阻片部分已破碎，一柱电阻片及支撑绝缘杆、一柱均压电容，以及绝缘筒已烧损熏黑，均压电容部分完好，对避雷器的密封状况进行解体检查，如图3-41所示，确认密封良好，没有进水受潮迹象。

图 3-41 故障相中节避雷器解体照片

故障相下节避雷器内部电阻片大多完整，表面熏黑，对避雷器的密封状况进行解体检查，如图 3-42 所示，放置在电阻片柱底部的干燥剂颗粒硬度较高，无法用手捏碎，确认密封良好，没有进水受潮迹象。下节电阻片环裂情况明显（见图 3-42 左图），有别于电阻片侧面外闪络，典型地说明经受了工频过电压。

图 3-42 故障相下节避雷器解体照片

2.非故障相避雷器

由于故障避雷器已无试验价值，为分析故障原因，对状况完好的属同厂家、同批次产品的非故障的 B、C 两相避雷器拆下进行解体分析，并抽样进行整体和电阻片直流泄漏试验，以判断避雷器和电阻片的老化（劣化）情况。

对非故障相避雷器的共 6 节避雷器进行整体 75% 直流 1 mA 电压下的直流泄漏

电流试验，除B相下节（49 μA）接近规程要求值（50 μA）外，绝大部分均高于50 μA，整体泄漏电流水平偏高。

内部气体压力（内部微正压）检测发现所有6节避雷器本体均满足要求值（0.03 ~ 0.05 MPa），说明密封情况良好；解体检查确认各节避雷器两端密封情况良好，没有受潮。

解体后立即对最上面4片电阻片进行直流泄漏试验，所有的电阻片75%直流1 mA参考电压下的泄漏电流均在80 μA以上，均明显超标。

选择解体的非故障相B相上节和C相中节避雷器电阻片进行直流泄漏试验，结果显示，一方面，避雷器电阻片直流1 mA参考电压分散性较大，在4.0 ~ 4.6 kV的范围，最大偏差达到15%，考虑到制造厂的电阻片筛选原则一般以参考电压值接近的电阻片装配成一相，说明电阻片已出现不同程度的老化（或劣化）；另一方面，反映电阻片劣化最直接的指标，即75%直流1 mA电压下的直流泄漏电流，除少量电阻片在50 μA以下外，大部分超标，普遍在70 ~ 80 μA，最大达到163 μA，劣化迹象明显。

为排除解体与电阻片测试的间隔暴露在空气中而引起的表面湿度变化对泄漏电流测试结果的影响，取出非故障相B相中节位于顶部的两片电阻片，经水冲洗再风干后复测，结果基本相同，排除暴露空气的因素影响。

综上所述，初步得出避雷器密封良好，未进水受潮，但避雷器电阻片出现较为明显的老化（劣化）现象的结论。

3.3.3.4　故障原因分析

根据故障录波图分析，500 kV线路13的线路侧避雷器A相故障发展过程的时序如下：

（1）20时05分左右，0时刻，500 kV线路13的A相遭受第一次雷电绕击后出现单相接地故障，这是整个故障过程的起始点。

（2）40.8 ms，500 kV线路13的线路侧断路器动作跳500 kV线路13的A相。

（3）在500 kV线路13的A相跳闸到重合闸期间，两端开路的线路遭受连续雷击，雷电流波在两端发生全反射，电压幅值高，在故障录波图上，A相出现异常电压波形，在570.4 ms出现876.3 kV的负极性过电压峰值，该电压波应为实际雷电波在线路上多次反射的包络线，而非单次落雷后衰减造成。在这个阶段，线路两侧避雷器吸收并承受了雷电波能量，虽事故期间足以造成避雷器爆炸，也未立即引起避雷器故障，但能量积累可能已达到了较高的水平，考虑到事故期间多次落雷，并且雷电流多次反射波，对避雷器劣化造成不可逆的影响。

由于 500 kV 线路 13 的 A 相避雷器存在劣化，在上述雷电能量的作用下，将加速劣化，对避雷器电阻片造成一定损伤；相比之下，对侧的 500 kV 变电站的 500 kV 线路 13 的 A 相避雷器投产不久，劣化问题不明显，正常的电阻片能承受和吸收上述雷电能量，这可以从事后该避雷器直流泄漏电流测试结果（75% 直流 1 mA 参考电压下的泄漏电流在 30~40 μA 之间）得到佐证。

（4）1129.2 ms，500 kV 线路 13 的 A 相重合闸成功。

（5）在避雷器承受工频工作电压后，已快速劣化的 500 kV 线路 13 的线路侧避雷器 A 相在工频电压下出现热崩溃，从解体情况看，故障应从上节开始，上节闪络后，中、下节承受电压陡然增大，远远超过其额定电压，荷电率突增，更加速劣化，相继不能承受工频电压而出现热崩溃，重合闸过后约 400 ms，故障相避雷器闪络后，1530 ms（500 kV 变电站 13 侧）和 1566 ms（对侧 500 kV 变电站），保护动作，500 kV 线路 13 的两侧线路侧断路器三相跳闸。该阶段避雷器可能爆炸冒烟（或仅防爆膜动作冲开），因此 500 kV 变电站内巡视从外观上未能发现避雷器故障。

（6）对线路 N1 ~ N40 段进行快速巡查无发现故障点，过 40 min 后，进行强送不成功，保护正确动作三跳且不重合，此时，已发生故障的避雷器再次承受工频电压，故障进一步加重。

（7）次日下午进行第二次强送不成功，此时 500 kV 线路 13 的线路侧避雷器 A 相发生爆炸冒烟。

500 kV 线路 13 的线路侧避雷器 A 相故障原因是，避雷器运行年久（近 17 年），或因质量问题，或承受历年的雷电、操作冲击和工频电压的作用而发生劣化，在 500 kV 线路 13 的 A 相线路断开到重合闸期间，A 相线路遭受连续雷击，线路两侧避雷器经受多次雷电能量冲击，尤其可能承受连续雷击，吸收较高水平的雷电能量，本来存在缺陷的避雷器加速劣化，而对侧变电站的线路侧避雷器正常的电阻片则能承受该阶段的雷电能量冲击；线路重合闸之后，受损的避雷器在承受工频电压过程中，个别电阻片出现热崩溃，加重了其他电阻片的负担，导致最终避雷器热平衡遭到破坏而爆炸。

3.3.4　500 kV线路14的线路侧避雷器B相

3.3.4.1　故障情况

2021年9月7日15时58分，500 kV线路14遭受雷击导致A、B相间短路故障而跳闸，16时19分，强送成功；之后在16时54分，500 kV变电站14内检查发现500 kV线路14的线路避雷器B相在线监测仪的全电流显示异常增大，数值接近5 mA，其余两相在线监测仪指示正常，随即持续开展观察，发现该在线监测仪全电流指示持续增加，达到7 mA，使用毫安级钳表测试达到9 mA，随即向调度申请停电检查；在停电过程中，18时35分500 kV线路14的线路避雷器B相防爆片处突然喷出火光，避雷器爆炸，线路跳闸，视频监控如图3-43所示。

图 3-43　故障现场视频监控

现场检查发现500 kV线路14的线路避雷器B相上、中、下三节避雷器压力释放阀均已动作，绝缘子伞裙均有不同程度的损坏，如图3-44所示；A、C相避雷器外观检查无异常。A、B相避雷器计数器均动作1次。

500 kV线路14全长83.112 km，共160基杆塔，故障避雷器型号为Y20W-

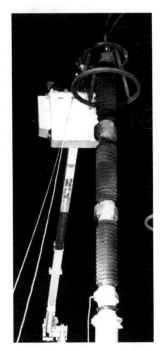

图 3-44　故障避雷器外观图

444/1050，出厂日期为 2008 年 1 月 1 日。

　　故障录波显示，15 时 48 分，500 kV 线路 14 发生 A、B 相间短路故障，电压波形如图 3-45 所示，主一、主二两套线路保护动作，保护动作正确，线路断路器跳闸。在线路保护动作后，500 kV 线路 14 的 B 相在线路断路器断开后有明显的电压波动，存在雷击引起线路电压异常的可能。

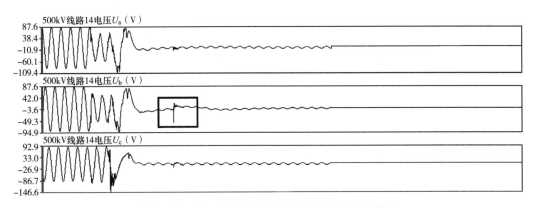

图 3-45　第一次故障时 500 kV 线路 14 电压波形

18时35分，500 kV 线路 14 发生单相短路接地，电压波形如图 3-46 所示，主一、主二两套线路保护动作，保护动作正确，线路断路器跳闸，在线路断路器重合时，重合闸动作不成功，跳开线路断路器。

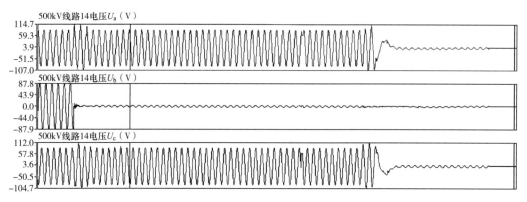

图 3-46　第二次故障时 500 kV 线路 14 电压波形

3.3.4.2　雷电活动情况

雷电定位查询系统信息显示，15时48分故障前后期间 500 kV 线路 14 落雷数据如表 3-18 所示，在 15 时 48 分 18 秒（第一次故障同一秒内）雷电定位系统共有三次落雷，18时35分第二次故障雷电定位系统无落雷。

事后巡线发现 500 kV 线路 14 的 N060 塔 A 相绝缘子、均压环有雷击闪络痕迹；该塔距 500 kV 变电站 14 约 52.6 km，N060 塔接地电阻实测值为 2.5 Ω，未超出设计标准。

表 3-18　雷电监测信息查询结果报表

对象范围		线路：220 kV 线路 14；缓冲区半径（m）：5000						
时间范围		雷电：2021-09-07 15时18分45秒 ~ 2021-09-07 16时18分45秒						
序号	时间	经度（°）	纬度（°）	电流（kA）	回击	站数	最近距离（m）	最近杆塔号
1	15时20分18.707秒	101.3559	23.2541	−36.8	1	3	2536	154
2	15时23分30.717秒	101.3832	23.3245	−33.0	1	19	4201	160
3	15时45分58.316秒	101.0810	22.9552	−3.6	2	2	1631	59
4	15时45分58.365秒	101.0759	22.9873	−26.1		12	1431	60~61

续表

对象范围		线路：220 kV 线路 14；缓冲区半径（m）：5000						
时间范围		雷电：2021-09-07 15时18分45秒 ~ 2021-09-07 16时18分45秒						
序号	时间	经度（°）	纬度（°）	电流（kA）	回击	站数	最近距离（m）	最近杆塔号
5	15时48分18.876秒	101.0913	22.9469	−6.3		2	2813	59~60
6	15时48分18.891秒	101.0886	22.9716	−16.0	3	9	567	61
7	15时48分18.927秒	101.0839	22.9736	−11.9		4	146	60~61
8	15时50分22.863秒	101.0726	22.9755	−25.6		10	514	58~59
9	15时50分22.907秒	101.0763	22.9667	−9.0	3	2	409	58~59
10	15时50分22.932秒	101.0763	22.9667	−9.1		2	409	58~59
11	15时51分07.304秒	101.1998	23.0606	7.7	1	2	4668	87~88
12	15时58分41.775秒	101.1594	23.1803	12.2	1	2	1614	107~108
13	16时00分13.270秒	101.0372	22.9482	−55.1		19	1003	51~52
14	16时00分13.360秒	101.0394	22.9715	−20.1	4	9	2014	54~55
15	16时00分13.396秒	101.0445	22.9627	−6.8		2	1098	52~53
16	16时00分13.474秒	101.0372	22.9729	−11.1		4	2268	54~55
17	16时01分42.492秒	101.1698	23.1403	8.4	1	2	1238	98~99
18	16时03分11.808秒	101.1719	23.0803	−19.1	2	13	1259	87~88
19	16时03分11.843秒	101.1710	23.1098	−7.7		3	523	91~92
20	16时09分42.476秒	101.1878	23.0700	−13.5	2	7	3153	87~88
21	16时09分42.505秒	101.1726	23.1030	−26.7		15	21	90~91

3.3.4.3 故障避雷器解体情况

故障相三节避雷器防爆膜均动作释放压力，瓷套表面有熏黑痕迹。上节避雷器损坏7片伞裙，中节避雷器损坏2片伞裙，下节避雷器损坏1片伞裙，如图3-47所示。

上节避雷器的电阻片已经全部破碎，均压电容已经被电弧烧蚀；中节避雷器部分电阻片完全损坏，部分电阻片仍然相对完整，中节法兰盘未见锈迹，如图3-48所示。

图 3-47 上节避雷器正对防爆口的伞裙已经炸裂

(a)　　　　　　　　　　　　　(b)

图 3-48 上、中节避雷器电阻片情况

(a) 上节避雷器电阻片；(b) 中节避雷器电阻片

下节避雷器的电阻片相对完整，电阻片表面有明显的贯通性闪络痕迹，中间的金属垫片有烧蚀痕迹。隔弧筒内表面发生了闪络，有烧伤痕迹，下节避雷器电阻片贯通性闪络，下法兰的外表面有锈蚀痕迹，内表面的密封圈外侧锈蚀，损坏的防爆膜部分区域有疑似锈迹，需要进一步开展金属检测确认，如图 3-49 所示。

3.3.4.4　故障原因分析

15 时 48 分线路跳闸，避雷器遭受 3 次雷击。16 时 10 分强送电后，17 时 32 分避雷器泄漏电流全电流增加到 7.3 mA，避雷器已经劣化。在等待停电处理过程中，下节电阻片发生了沿面放电导致 18 时 35 分线路接地短路跳闸，同时短路电流能量贯

图 3-49　下节避雷器电阻片情况

穿中节和上节导致其炸裂损坏。

下节的下法兰外表面有锈迹痕迹，内表面密封圈外侧锈蚀，损坏的防爆膜内侧部分区域有疑似锈迹，需金属检测进一步确认。

初步怀疑该避雷器存在质量缺陷，导致避雷器底部进水后不能及时排除，在长期浸水、防爆膜劣化损坏的情况下，潮气沿损坏的防爆膜裂缝进入避雷器内部导致电阻片受潮，在线路遭受多次雷击的诱发下，最终导致避雷器绝缘故障。

仿真结果表明，500 kV 线路 14 在故障时的 1 s 内遭受连续三次雷击，对避雷器的冲击较大。若按 GB 50057—2010《建筑物防雷设计规范》推荐的首次负极性雷击的雷电流波形为 1/200 μs、后续雷击的雷电流波形为 1/100 μs 仿真，则避雷器三次动作泄放电流最大接近 9 kA，最大残压约 980 kV，三次连续雷击下的吸收能量约 1970 kJ（接近 2 MJ），但避雷器放电电流、残压、吸收能量均未超出避雷器额定参数要求。若考虑极小概率的三次 10/350 μs 的雷电流冲击，避雷器吸收能量可达 6.65 MJ，超出避雷器吸收能量耐受能力。

⚡ 3.3.5　500 kV 线路 15 的线路侧避雷器 A 相

3.3.5.1　故障情况

2021 年 9 月 9 日 18 时 18 分，500 kV 线路 15 的 A 相发生单相接地故障，电压波形如图 3-50 所示，主一、主二两套线路保护动作，保护动作正确，线路断路器跳闸。在线路保护动作断开线路后，该线路 A 相有明显的多次电压波动，怀疑为跳闸后线路遭受多次雷击。

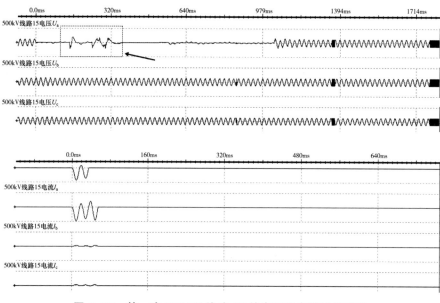

图 3-50 第一次 500 kV 线路 15 的电压和电流录波波形

18时21分，500 kV 线路15的A相再次发生单相接地故障，主一、主二两套线路保护动作，保护动作正确，线路断路器跳闸，在线路断路器重合时，重合闸动作不成功，跳开线路断路器（避雷器损坏导致重合闸不成功），如图3-51所示。

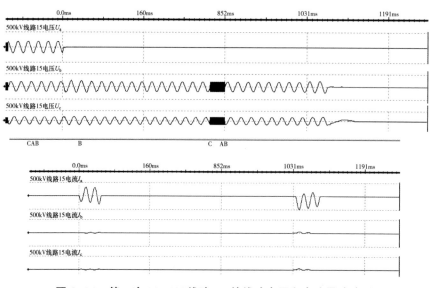

图 3-51 第二次 500 kV 线路 15 的线路电压和电流录波波形

现场检查发现 500 kV 变电站 15 内 500 kV 线路 15 的线路侧避雷器 A 相防爆膜动作，A 相避雷器放电计数器损坏，如图 3-52 所示。

图 3-52　现场检查情况

视频监控显示，故障发生时 500 kV 变电站 15 正在下雨，从视频上看，在故障前变电站附近线路有多次雷击的闪光，如图 3-53 所示。

图 3-53　站内视频拍摄情况

3.3.5.2　雷电活动情况

查询雷电定位系统信息，在 2021 年 9 月 9 日 18 时 18 分故障附近期间落雷数据如表 3-19 所示，其中在 18 时 18 分 11 秒（第一次跳闸同一秒内）雷电定位系统共有10次落雷。18时21分10秒（第二次跳闸同一秒内）雷电定位系统无落雷。

事后巡视发现500 kV线路15的8号塔A（右）相雷击跳闸，与第一次跳闸测距、雷电定位区段一致。

表3-19 雷电监测信息查询结果报表

对象范围							线路：500 kV线路15	
时间范围							雷电：2021-09-09 18时13分00秒 ~ 2021-09-09 18时23分00秒	
序号	时间	经度（°）	纬度（°）	电流（kA）	回击	站数	最近距离（m）	最近杆塔号
1	18时17分24.316秒	101.6472	25.8167	−27.4	2	2	17374	1
2	18时17分24.594秒	101.6258	25.8413	−23.4		2	14117	1
3	18时17分46.324秒	101.5373	25.9636	−25.5	1	16	432	4 ~ 5
4	18时17分58.211秒	101.4599	26.0179	−75.4	1	24	5851	15 ~ 16
5	18时18分11.319秒	101.5320	25.9682	−47.3	10	22	148	6 ~ 7
6	18时18分11.335秒	101.5300	25.9715	−19.1		11	110	6 ~ 7
7	18时18分11.383秒	101.5222	25.9551	−45.0		19	1305	4 ~ 5
8	18时18分11.407秒	101.5001	25.8531	−11.2		6	10265	1
9	18时18分11.446秒	101.5260	25.9629	−14.0		6	623	5 ~ 6
10	18时18分11.494秒	101.5311	25.9745	−27.0		13	341	7
11	18时18分11.584秒	101.5387	25.9727	−68.8		27	945	6 ~ 7
12	18时18分11.708秒	101.5292	25.9711	−29.9		18	21	6 ~ 7
13	18时18分11.736秒	101.4997	25.8495	−9.6		5	10607	1
14	18时18分11.765秒	101.5294	25.9714	−26.9		16	56	6 ~ 7
15	18时18分34.584秒	101.5236	25.9615	−30.6	2	15	895	5 ~ 6
16	18时18分34.641秒	101.5245	25.9614	−17.0		11	825	5 ~ 6
17	18时18分34.779秒	101.7180	26.0836	−18.6	5	4	15552	38
18	18时18分34.813秒	101.5247	25.9595	−12.2		6	883	5 ~ 6
19	18时18分34.831秒	101.5243	25.9624	−11.2		5	797	5 ~ 6
20	18时18分34.853秒	101.5176	25.9452	−17.2		9	1813	1
21	18时18分34.929秒	101.5222	25.9604	−24.0		14	1073	5 ~ 6

续表

对象范围		线路：500 kV 线路 15						
时间范围		雷电：2021-09-09 18时13分00秒 ~ 2021-09-09 18时23分00秒						
序号	时间	经度（°）	纬度（°）	电流（kA）	回击	站数	最近距离（m）	最近杆塔号
22	18时19分02.036秒	101.5510	25.9585	-32.2		4	1459	3
23	18时19分02.465秒	101.5312	25.9745	-36.4		19	348	6~7
24	18时19分02.485秒	101.5250	25.9666	-22.6		13	556	6~7
25	18时19分02.550秒	101.5078	25.9691	-47.8		25	1460	10
26	18时19分02.620秒	101.5281	25.9438	-25.3	9	16	907	1
27	18时19分02.663秒	101.5300	25.9354	-21.8		14	1500	1
28	18时19分02.775秒	101.6908	26.0008	-12.7		6	14072	37
29	18时19分02.853秒	101.5273	25.9427	-37.6		22	1043	1
30	18时19分03.036秒	101.5493	25.9677	-34.8		17	1684	4~5
31	18时19分03.113秒	101.5513	25.9675	-40.8	2	24	1859	4~5
32	18时19分03.220秒	101.5510	25.9651	-35.2		19	1724	4~5
33	18时19分48.594秒	101.5039	25.9437	12.5	1	5	3179	1
34	18时20分01.558秒	101.5174	25.9693	-54.8	1	25	905	8~9

3.3.5.3 故障避雷器解体情况

解体发现避雷器压力释放阀口填满破碎的电阻片，电阻片已经破碎，打开端部法兰，同样可见内部电阻片破碎，如图3-54所示。

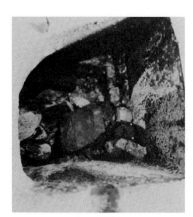

图 3-54 故障避雷器解体照片

检查密封面干净光洁，密封胶圈无变形，弹性良好，内部检查未发现锈蚀痕迹，推断避雷器密封良好。

抽出避雷器芯体，发现三节避雷器大部分电阻片碎裂，破碎电阻片呈现不规则形状，如图3-55所示。

图 3-55　故障避雷器解体芯体照片

3.3.5.4　故障原因分析

根据线路跳闸时序，结合雷击和解体情况，初步分析避雷器在18时18分第一次连续雷电冲击下，短时间吸收能量水平较高，电阻片出现不同程度的快速劣化，在线路自动重合闸后，由于系统运行电压的持续在避雷器上，避雷器内部温度无法下降且继续升高，电阻片劣化加剧，最终导致在重合后的3 min内发生热崩溃损坏，这一点从解体发现上、中、下三节电阻片大部分碎裂严重而得到佐证。

仿真结果可见，第一次跳闸同一秒内的10次连续雷击中有6次超过杆塔耐雷水平，这6次雷电流大部分经杆塔入地，但仍有4次雷电流幅值小于绕击耐雷水平，未经杆塔入地，雷电流沿导线侵入变电站。

⚡ 3.3.6　500 kV线路16的线路侧避雷器C相

3.3.6.1　故障情况

2019年9月1日14时03分06秒704毫秒，500 kV线路16发生B、C相间短路故障，线路跳闸，重合闸闭锁。14时57分，强送后立即出现C相接地故障，线路跳闸；线路强送失败后约20 min，对500 kV线路16的线路侧避雷器开展红外测温发现C相外表面温度超过200 ℃，且C相避雷器防爆阀全部动作，本体冒白色烟雾；强送失败后约40 min，C相避雷器从中节中部发生垮塌，如图3-56~图3-59所示。

图 3-56 故障避雷器冒烟

图 3-57 放电计数器安装位置熏黑

图 3-58 故障后放电计数器状态

图 3-59 避雷器从中部垮塌

故障期间，避雷器 A 相放电计数器读数未发生变化，B 相增加 1 次，C 相增加 3 次；对侧电厂升压站的线路侧避雷器 B、C 相放电计数器各增加 1 次。事后对 500 kV 变电站 16 的线路侧避雷器 A、B 相避雷器试验合格。

500 kV 线路 16 的线路侧避雷器为 Y20W-444/1063W1 型瓷套避雷器，直流 1 mA 参考电压不低于 597 kV，持续运行电压 324 kV，2014 年 12 月投运。

500 kV 线路 16 全长 60.3 km，共有 124 基杆塔，2014 年投运。

3.3.6.2　雷电活动情况

故障当天500 kV变电站16和500 kV线路16周围为小雨天气。事后对500 kV线路16进行巡视，发现N47~N48号塔段B、C相导线有明显雷击放电痕迹，故障点距离N47塔约150 m，判断B、C相线路因雷电绕击发生相间短路。

查询雷电定位系统，设置线路走廊半径2 km，在线路相间短路跳闸（14时03分）前1 h共查询到10次落雷；在线路相间短路跳闸时刻（14时03分）前后5 min，共查询到3次落雷，在线路跳闸（14时03分）后至强送（14时57分）的54 min内，共查询到2次落雷，如表3-20所示。

表 3-20　线路相间短路跳闸前后 5 min 雷电信息

序号	时间	电流（kA）	回击	距离（m）	最近杆塔号
1	14时00分38.080秒	-11.9	后续第1次回击	1681	N51~N52
2	14时03分06.704秒	-17.0	后续第1次回击	365	N48~N49
3	14时04分54.906秒	-10.2	后续第5次回击	107	N16~N17
4	14时23分33.784秒	-24.9	单次回击	1141	N8~N9

分布式故障精确定位系统显示14时03分06秒704毫秒，B、C相线路上有冲击波形信号，判断为雷击，定位在N47杆塔。

查询线路相间短路跳闸后至强送前，线路三相上没有异常波形信号。查询线路相间短路前1 h，发现在13时53分45秒176毫秒，C相线路上有冲击波形信号，判断为雷击信号，定位在N38杆塔。

3.3.6.3　故障避雷器解体情况

由于C相避雷器上节及中节上部已塌溃碎裂，故只对剩余部分进行解体，如图3-60和图3-61所示。防爆阀都已动作，中节避雷器断面处呈不规则形状，断面瓷质均匀致密，瓷套表面存在轴向裂纹，下节避雷器瓷套完好。密封面干净光洁，密封胶圈无变形，弹性良好。

避雷器内部可见大量电阻片碎块，将避雷器芯体抽出，发现芯体上大部分电阻片碎裂掉落，芯体中部绝缘杆呈暗黄色并呈弯曲状；电阻片碎裂部位呈不规则形状，外侧面与内侧面绝缘釉保持完整，未见电弧通道，绝缘杆上也未见电弧通道，如图3-62和图3-63所示。

图 3-60　避雷器残余部分

图 3-61　避雷器中节断裂情况

图 3-62　芯体

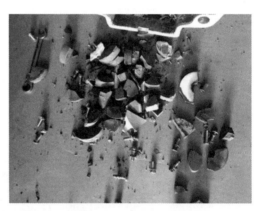

图 3-63　电阻片碎裂

从解体结果看，故障避雷器残余的中节下部与下节密封面和密封胶圈未见异常，芯体绝缘未见异常，故障电流应是从电阻片通过，大电流的热和电动力效应造成电阻片碎裂。

3.3.6.4　故障原因分析

（1）录波图分析。

1）线路相间短路跳闸。在故障起始时刻，500 kV 线路 16 的 B、C 相电压发生明显畸变，B、C 相电流大幅增加，呈正弦波形，电流极性相反，系统未出现明显零序电流，故障类型为 B、C 相间短路。

故障持续约 2 个周波，约 40 ms；故障电流切除后，B、C 相同时出现了波形幅值几乎相同的操作过电压，操作过电压负峰值为 679.4 kV，负半周持续时间 10 ms，正峰值电压约为 487.8 kV，正半周持续约 34.6 ms，如图 3-64 所示。

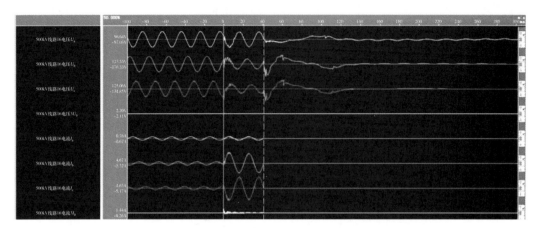

图 3-64 500 kV 线路 16 相间短路跳闸时录波图

2）线路强送后跳闸。线路强送合闸后C相电压突变为零，C相电流大幅增加，呈正弦波形，零序电流大幅增加，且与C相电流波形幅值相同，故障类型为C相接地短路。

故障持续约3个周波，约60 ms，如图3-65所示。

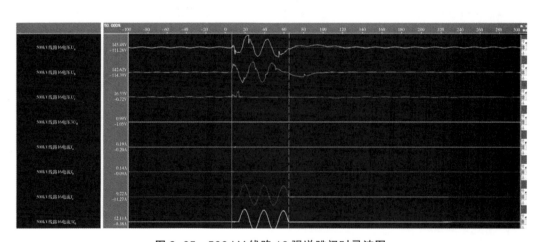

图 3-65 500 kV 线路 16 强送跳闸时录波图

（2）故障过程分析。

1）线路相间短路跳闸时刻。由录波图可知，500 kV 线路16故障类型为B、C相间短路而非接地，发生时刻为9月1日14时03分06秒704毫秒。

雷电定位系统记录到1个发生在14时03分06秒704毫秒的雷电，雷电流为−17 kA，最近杆塔为N48~N49。线路上安装的分布式故障精确定位系统显示，

14时03分06秒704毫秒，B、C相线路上有冲击波形信号，判断为雷击，定位在N47杆塔。两者完全吻合。

在线路相间短路跳闸后，现场检查发现，B、C相避雷器放电计数器较8月5日抄录结果各增加1次。在线路相间短路跳闸后，对侧电厂升压站的500 kV线路16的线路侧避雷器B、C相各动作1次。

事后巡线发现500 kV线路16的N47～N48塔段B、C相导线有明显雷击放电痕迹。

综合以上信息推断，14时03分06秒704毫秒，N47～N48塔段B、C相线路遭受雷电（雷电流幅值为−17 kA）绕击，雷击过电压未造成线路绝缘子闪络，沿着线路分别侵入500 kV变电站16和对侧的电厂升压站内，造成两站B、C相避雷器各动作1次。

2）线路相间短路跳闸前1 h。查询雷电定位系统，500 kV线路16相间短路跳闸前1 h，线路走廊半径2 km内共有10个雷电。

分布式故障精确定位系统显示，13时53分45秒176毫秒，C相线路上有冲击波形信号，判断为雷击信号，定位在N38杆塔。

将两个系统查询结果对应，雷电定位系统查询结果显示在13时53分45秒176毫秒有1个雷电，雷电流幅值为−37.8 kA，最近杆塔为N38~N39，两个系统查询结果时间对应准确，定位位置相近。

3）线路相间短路跳闸后至强送。查询雷电定位系统，线路走廊半径2 km内共有2个雷电。

查询分布式故障精确定位系统，并未记录到异常波形。

500 kV变电站16内巡视显示，线路强送失败后，500 kV线路16的线路侧避雷器C相放电计数器较线路相间短路跳闸后数值增加2次。

对侧电厂升压站内巡视未发现500 kV线路16线路侧避雷器放电计数器计数增加。

对于C相避雷器放电计数器计数增加2次的原因，由于无法获得放电计数器计数增加对应的具体时间，因此也无法明确得知。

（3）综合分析。对录波图进行分析，线路相间短路时刻，系统没有零序电流，

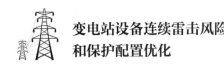

因此没有接地故障，此时C相避雷器并未发生故障。在线路强送后，C相立即发生接地故障，产生零序电流，可以判断此时避雷器发生故障。

根据雷电定位系统信息、试验及解体、故障录波图等情况，分析故障原因如下：

1）仅对残余的下节及中节下部进行解体，残余部分密封面及密封胶圈正常，芯体绝缘正常，因此判断避雷器残余部分密封正常。由于未能对整相避雷器进行解体，无法判断整相避雷器密封情况。

2）避雷器运行维护正常，预防性试验结果正常，避雷器故障前状况良好。

3）避雷器承受过电压情况分析。在线路相间短路时刻，避雷器承受雷电侵入波过电压（雷电流幅值–17 kA），后续又遭受操作过电压。在线路强送失败后，检查发现C相避雷器放电计数器又增加2次，推测避雷器可能遭受2个过电压。

4）通过解体和遭受过电压的分析，无法确定避雷器故障的具体原因。认为在强送前，避雷器内部已受损，无法耐受系统电压，因此线路强送后，C相避雷器立即发生故障短路接地，故障电流（工频短路电流27 kA）通过电阻片内部产生大量热量，热效应和电动力效应使得电阻片碎裂，绝缘杆变色弯曲，瓷套也因高温而出现碎裂。

5）至于避雷器瓷套碎裂的原因，检查断面瓷质均匀致密，未见变色或气孔，询问生产厂家，瓷套为外购件，需进行正负40 ℃冷热循环试验合格才能使用，推断故障时刻由于避雷器内部高温，导致瓷套上温度也非常高（现场红外测试200 ℃以上），而当时为小雨天气，高温瓷套受雨水影响可能发生"淬火"过程，机械强度降低，避雷器顶部受高压引线拉力，瓷套无法承受而碎裂。

3.3.7 500 kV线路17的高抗中性点避雷器

3.3.7.1 基本情况

2020年5月18日00时52分37秒758毫秒，500 kV变电站17的500 kV线路17因雷电绕击同塔双回的中、下相（A、B相）引发相间短路故障，保护正确动作跳开三相线路，重合闸不动作。现场巡视发现500 kV线路17高抗中性点避雷器冒出浓烟，放电计数器内部烧黑。将避雷器拆下后发现底部压力释放动作，多处崩裂。

500 kV 线路 17 间隔内的线路侧避雷器、CVT、高压并联电抗器（以下简称高抗）和中性点接地电抗器等相关设备未见异常，事后试验结果合格。

500 kV 线路 17 高抗中性点避雷器选用型号为 YH10W-108/281W1 的 110 kV 避雷器，直流 1 mA 参考电压不低于 157 kV，持续运行电压 84 kV，2018 年 6 月投运；2019 年 4 月 26 日完成 500 kV 线路 17 线路侧避雷器、CVT 及高抗中性点避雷器首年预试，试验结果合格。

500 kV 线路 17 全长 190.646 km，共 378 基杆塔，全线为同塔双回架设，于 2018 年 6 月 30 日投运，两侧的电厂和 500 kV 变电站 17 各安装两组高抗，高抗的中性点经中性点接地电抗器和中性点避雷器并联入地。

事后对 500 kV 线路 17 进行精细化巡视，发现 N352 ~ N353 塔档中间（距 500 kV 变电站 16 约 13 km）垂直排列的中相（A 相）和下相（B 相）的导线上有明显闪络白斑，两相闪络痕迹位置大致相同，线路保护测距结果与该位置基本吻合，且符合绕击的规律，可以推断此处遭受雷电绕击引起 A、B 相间故障。

故障期间的 500 kV 线路 17 三相电压和电流录波图如图 3-66 所示。

故障起始时刻，500 kV 线路 17 的 A、B 相电流突变，两个电流大小相等，极性相反，且未出现零序电流，判断故障类型为 A、B 相间短路。

A、B 相间短路持续约 2 个周波（共 43.8 ms）后，500 kV 线路 17 保护动作并完全切除该线路，之后，线路电源被切断。

B 相间短路期间，A、B 相电压发生畸变，但切除 500 kV 线路 17 后，尽管已没有电源，但该线路上的三相电压仍一直维持，如图 3-67 所示，单从录波图上看，整个故障过程是非常长的，大体上可分为三个阶段：

（1）切除 500 kV 变电站 17 后，线路三相经历约 0.6 s 的异常电压波动阶段，并伴有多个尖峰，从录波图（见图 3-66）上读取的最高峰值达 1057.5 kV（与 500 kV 变电站 17 线路侧避雷器标称放电电流下的残压相当）。

（2）之后，经历一段时间的电压过渡阶段，持续时间达数秒。

（3）最后，三相电压进入稳定阶段，基本上为同塔架设的另一回线路的感应耦合。

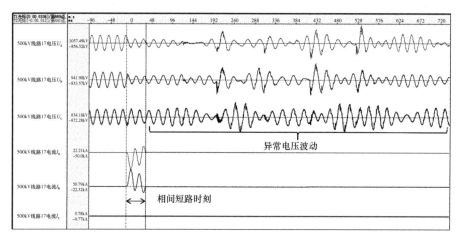

图 3-66　500 kV 线路 17 发生 A、B 相间短路后异常电压波动阶段的录波图

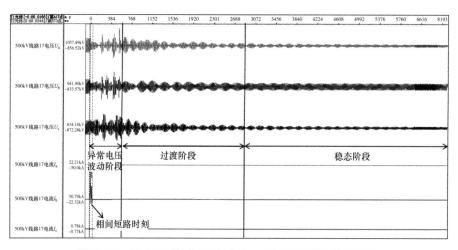

图 3-67　500 kV 线路 17 发生 A、B 相间短路后的录波图

3.3.7.2　雷电活动情况

故障期间，500 kV 线路 17 沿线为雷雨天气，雷电定位系统信息显示，500 kV 线路 17 跳闸前后 10 min，线路附近（设置线路走廊半径 3 km）共有 99 次落雷，主要分布在距离 500 kV 变电站 17 较近的 N320~N360 杆塔段；事后线路巡查确认，500 kV 线路 17 相间故障点落在这个区域。

引起 500 kV 线路 17 的 A、B 相间故障的落雷，是一个由 6 次连续雷击组成、持续 535 ms 的地闪，除了主放电外，后续还有 5 个回击，如表 3-21 所示，雷电流幅值大多小于 20 kA，与 500 kV 线路的雷击故障以绕击为主的规律相符。

表 3-21　雷电定位系统故障时刻查询结果

序号	时间	雷电流幅值（kA）	回击	间隔时间（ms）	距离（m）	最近杆塔号
1	00时52分37.758秒	−11.1	主放电	—	140	353～354
2	00时52分37.890秒	−51.0	后续第1次回击	132	198	353～354
3	00时52分37.968秒	−10.1	后续第2次回击	78	83	353～354
4	00时52分38.078秒	−9.5	后续第3次回击	110	315	353～354
5	00时52分38.186秒	−18.5	后续第4次回击	108	219	353～354
6	00时52分38.293秒	−16.6	后续第5次回击	107	375	352～353

从表 3-21 看，雷电定位系统记录的连续雷击位置距离线路都很近，时间间隔在 100 ms 左右，可以判断这是 1 个地闪过程的主放电和 5 次回击。

相间短路发生时刻，安装于 500 kV 线路 17 的 N378 塔 A、B 相的分布式故障精确定位装置检测到线路上有故障行波信号（行波电流如图 3-68 所示），与雷电定位系统记录的主放电时刻和录波图（见图 3-67）上出现的短路电流时刻准确对应。

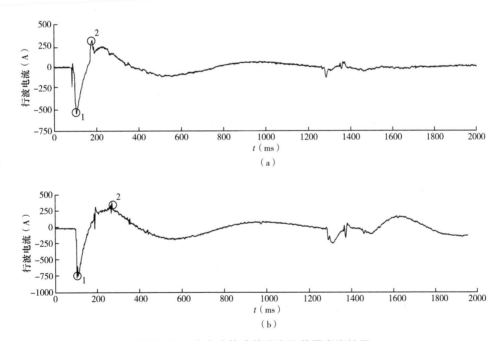

图 3-68　分布式故障精确定位装置查询结果

（a）N378 塔 A 相故障行波电流；（b）N378 塔 B 相故障行波电流

考虑到雷电定位系统的定位偏差，推断后续5次回击都击中导线，造成500 kV变电站17沿500 kV线路17导线的A、B两相进波或者单相进波。

通过雷电定位系统、分布式故障精确定位系统和录波图的信息分析，推断500 kV线路17相间故障起始后约0.6 s时间内共受到6次雷电连续绕击，其中1号落雷引发线路A、B相间短路导致线路跳闸，又陆续经受2~6号落雷。

引起故障地闪的6次雷击与录波图的时间对应情况如图3-69所示，可以看出，500 kV线路17故障后，三相电压所经历约0.6 s的异常电压波动阶段，与这次落雷时间分布强相关，电压波动尖峰与多次回击注入的雷电荷有着密切的关系。

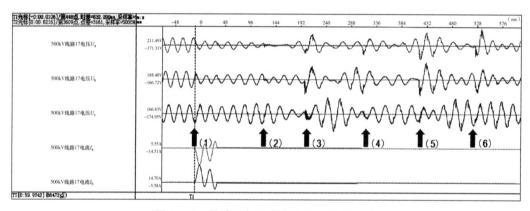

图3-69　录波图与雷电定位结果对应关系

3.3.7.3　避雷器故障原因分析

高抗避雷器故障主要经历了两个过程：①连续雷电侵入波下的能量吸收发热；②线路电容与高抗孤立系统内电磁能量转换过程引起的电压振荡，叠加雷电侵入过程，同时伴随着同塔架设的500 kV线路对500 kV线路17的感应耦合。

根据仿真分析（详见《电力系统暂态过电压数值计算与分析》第3章，中国电力出版社），高抗中性点避雷器故障发生和发展的过程为：

500 kV线路17受雷电绕击发生A、B相间短路故障，导致线路两侧断路器动作，切除500 kV线路17。

引发500 kV线路17相间故障的地闪是一个持续时间仅535 ms、包含6次雷击的连续雷击过程，因间隔时间短（100 ms左右），多共用放电通道，形成后续多个两相进波或单相侵入波，由于这6次绕击电流较小（普遍低于30 kA），未造成线路绝缘子击穿，形成雷电侵入波向线路两侧的变电站传播。

雷电侵入波在高抗中性点处形成高电位，中性点避雷器累计承受共计6次连续雷击侵入波的冲击，在短时间内持续吸收较多的能量，导致内部电阻片温度较高（60~100 ℃），伏安特性下降，出现快速劣化。

线路跳闸后，500 kV线路17和高抗组成一个孤立系统，线路电容的电场能与高抗的磁场能之间转化，激发频率44 Hz、最高幅值达750 kV的长时间电压振荡，相应地，后续的雷电回击使得高抗中性点出现同频率、最高幅值达181 kV的振荡电压，将引起中性点避雷器动作，且流过电流达到数十安的水平。

高抗中性点上较长时间的高电位，不仅在中性点接地电抗器上产生较大电流，同时也在中性点避雷器上持续流过数十安的电流，引发中性点零序电流保护动作。

中性点避雷器持续吸收雷电能量，高抗中性点长时间较高电位加重了中性点避雷器的负担，这两个因素叠加影响，最终导致中性点避雷器热崩溃。

500 kV线路17的高抗中性点避雷器故障的起因（诱因）是雷电绕击，而故障的原因，一方面是电阻片对连续雷击能量吸收能力不足；另一方面，电阻片快速劣化后的避雷器承受系统储能元件之间激发的长时间较高振荡电压，续流持续增大。

需要指出的是，以上分析皆基于事前中性点避雷器状态正常的前提，如果避雷器在运行中因密封不良受潮或者曾经遭受连续雷击存在电阻片劣化的累积效应，则情况更为严重。

本次事件是变电站出线遭受连续落雷绕击，叠加线路发生电容和电感储能元件上电磁能量转换而激发的长时间的持续电压振荡过程，理论上，属于极端天气条件下发生的小概率事件，具有偶然性。

需要说明的是，500 kV线路17的线路侧避雷器也承受了连续雷击，但是绕击电流幅值较低，且高抗支路对侵入波有分流贡献，减轻了线路侧避雷器在连续雷击下的负担和电阻片的发热，更重要的是，由于500 kV线路17被切除，连续雷击之后线路侧避雷器没有承受运行电压（线路的振荡电压较运行电压低），因此，线路侧避雷器的运行工况不同于前述的5起连续落雷造成热崩溃的案例，这从事后的避雷器电气试验结果正常得到证明。

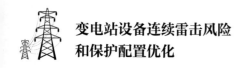

3.4　连续雷击过程引发500 kV线路侧避雷器热崩溃原因分析

3.4.1　避雷器热崩溃故障链条

无间隙避雷器长期承受系统电压和偶然短时过电压，将带来电阻片老化的累积效应，随运行时间增长多发生缓慢劣化过程，可能经历阻性电流增加→伏安特性下移→温升增加→进一步劣化的恶性循环过程，严重者最终发展成热崩溃故障。

根据3.3节的6起避雷器在连续雷击下热崩溃故障的情况，避雷器损坏可以分为三个过程：①雷电绕击导线，冲击闪络在工频电压的作用下转变为持续的工频电弧，线路保护动作，线路侧断路器跳闸切除故障线路；②断路器断开，工频电弧消失，后续回击在不引起冲击闪络的前提下继续绕击导线；③避雷器短时间内吸收较多连续雷击侵入波能量而造成电阻片快速劣化或损伤，继而在系统运行电压下发生热崩溃。

与连续雷击时间上高度相关的500 kV线路侧避雷器故障中，对照故障录波图，连续雷击过程并没有直接致使500 kV线路侧避雷器损坏，而是在连续雷击过程结束后数分钟甚至数10 min后，在运行电压下发生热崩溃，推断连续雷击工况下线路侧避雷器热崩溃故障链条是电阻片在短时间内吸收较多雷电侵入波能量而引发快速劣化，继而在雷电过程后的系统电压作用下继续劣化导致恶性循环，最终引发热崩溃。

综上所述，运行中的线路侧无间隙金属氧化物避雷器劣化有两种情形。一是缓慢劣化情形，这是最常见的，过程缓慢，可通过带电测试发现，由停电直流泄漏试验确认；二是快速劣化情形，即避雷器在短时间吸收过多能量而发生不可逆的快速劣化，避雷器在重复雷击下的劣化属于快速劣化过程，因此发展到热崩溃可能只需数分钟到数小时，往往来不及感知，留给变电站巡视人员反应、试验和停电处理的时间远远不够，只能加强防护。典型的案例就是500 kV变电站14的500 kV线路14遭受连续雷击故障后，变电站巡视人员发现该线路侧避雷器B相全电流显示器指示异常增大，在确认后紧急进行避雷器停电处理过程中，该相避雷器发生爆炸事故。

3.4.2　电阻片劣化特征

避雷器电阻片劣化指的是承受同样电压下，流过的电流增大，发热增加，在伏安特性上则表现为伏安特性下移，如图 3-70 所示。

避雷器电阻片的主要成分是金属氧化物，其电阻呈负温度特性，对于具体产品的电阻片，制造厂家一般都有电阻片温度与伏安特性曲线（主要反映在参考电压）对应关系的实验数据，典型如表 3-22 所示，可以看出，电阻片温度超过 60 ℃时，直流 1 mA 参考电压下降变化率变大，出现劣化趋势；接近 100 ℃时，参考电压将下降超过 8%，劣化特征较明显。

因此，避雷器的故障链条应为吸收能量→电阻片温升→伏安特性下移→电阻片劣化，从能量吸收角度，可基于电阻片通流容量来确定电阻片在连续雷击侵入波作用后出现快速劣化趋势的吸收能量阈值。

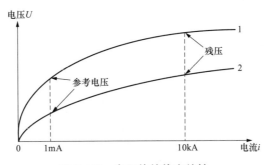

图 3-70　电阻片的伏安特性

表 3-22　制造厂提供的某 500 kV 避雷器电阻片参考电压随温升变化的关系

温度（℃）	20	30	40	50	60	70	80	90	100
参考电压下降幅度（%）	0	−0.13	−0.6	−1.49	−2.54	−3.84	−4.95	−6.54	−8.31

3.4.3　500 kV 线路侧避雷器典型故障案例的能量吸收计算

3.4.3.1　仿真计算目的

根据 3.4.2 节的避雷器电阻片劣化特征，可建立电阻片吸收能量→温度升高→伏安特性下移→劣化的逻辑关系，为此，传统对避雷器热崩溃原因分析多围绕电阻片能量吸收进行。

从 3.3 节的 7 起连续雷击引发的避雷器故障情况看，此类故障多发生在 500 kV

线路侧避雷器，共计6起，为此，选择有代表性的、雷电信息较为完善的3起连续雷击引发500 kV线路侧避雷器故障，利用PSCAD/EMTDC仿真软件，建立输电线路和雷电侵入波仿真模型，基于连续雷击电流波形，对500 kV线路侧避雷器在连续雷击过程的能量吸收进行计算，了解能量吸收情况，为提高连续雷击下500 kV线路侧避雷器运行安全水平的优化配置提供依据。

3.4.3.2　500 kV线路14的线路侧避雷器B相故障

故障线路侧避雷器型号为Y20W-444/1050，故障过程和雷电定位系统信息详见3.3.4节，根据收集到的500 kV线路14故障区段线路资料和500 kV变电站14的主接线资料，利用PSCAD/EMTDC建立雷电线路和雷电侵入波仿真模型如图3-71所示。

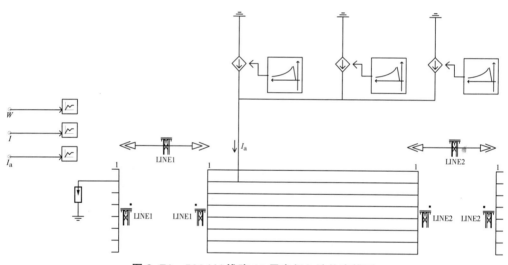

图 3-71　500 kV 线路 14 雷电侵入波仿真模型

从雷电定位系统查询到故障期间经历一个包含3个回击的连续雷击过程，根据2.3.5节不同频次的严苛连续雷击等效电源模型得出用于仿真计算的负极性连续雷击波形如图3-72所示，如3.2.1节所述，调整回击间隔为1~2 ms，下同。

（1）首次回击为1/200 μs的Heidler波形，-6.3 kA。

（2）后续第一次回击为0.40/42.6 μs的复合函数波形，-16.0 kA。

（3）后续第三次回击为0.34/26.2 μs的复合函数波形，-11.9 kA。

图2-38和图2-39为典型人工引雷实测长波尾雷电流波形，雷电流半峰宽时间约为数十微秒，但回击持续时间达数毫秒以上，由于雷电长波尾波形和B、C分量

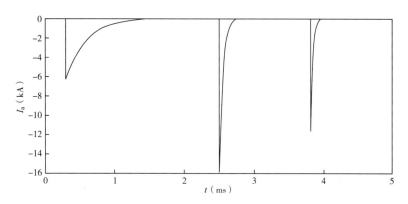

图 3-72 500 kV 线路 14 故障期间连续雷击波形

的存在，使得避雷器承受雷电过电压过程中，吸收的能量增加，因此在避雷器故障仿真中考虑长波尾波形和 B、C 分量，更符合实际情况。

回击波形在下降沿出现快速下降后呈现缓慢衰减的特征，一般在超过半峰值时间后衰减速度下降，而双指数函数与 Heidler 函数在模拟雷电流时，难以准确地模拟后续回击的这种现象，采用由 Nucci 提出的复合函数表达式（2-9）来模拟回击电流函数，通过改变复合函数的各参数取值，使电流模型波形尽可能接近于雷电流实测波形，设置回击电流脉冲的衰减时间为 1 ms，之后进入连续电流阶段，设置电流幅值 500 A，从 1 ms 持续到 100 ms，直到发生下一个回击电流脉冲。

不考虑雷电流源两次回击之间的连续电流时，仿真计算得到 3 次回击下 500 kV 线路 14 的线路侧避雷器动作电流和避雷器残压波形，以及避雷器吸收能量情况如图 3-73~图 3-75 所示，可以看出，避雷器三次动作泄放电流最大接近 12 kA，最大残压约 980 kV，3 次回击下的总吸收能量约 1.51 MJ，累计能量吸收仅为 4.4.2 节得

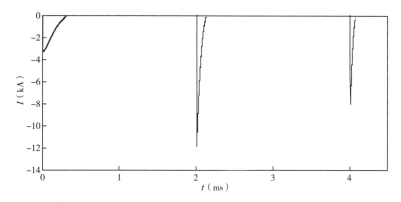

图 3-73 500 kV 线路 14 的线路侧避雷器连续雷电侵入波下动作电流波形

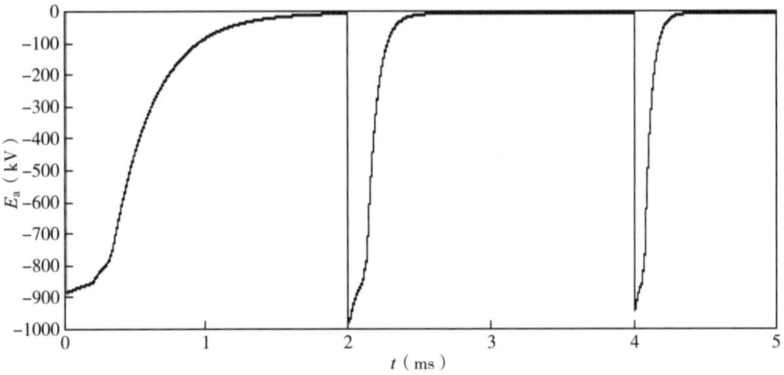

图 3-74　500 kV 线路 14 的线路侧避雷器连续雷电侵入波下残压波形

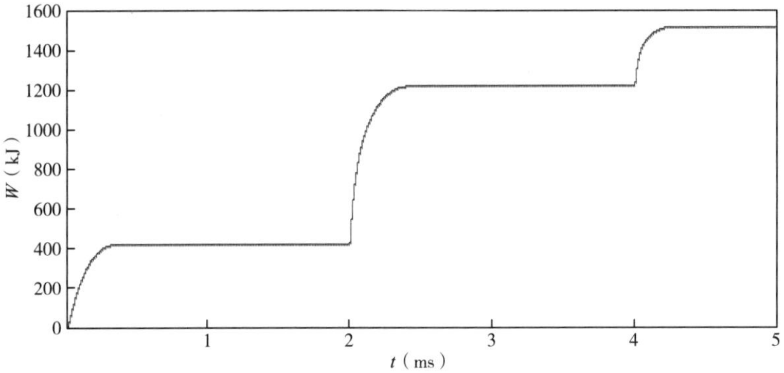

图 3-75　500 kV 线路 14 的线路侧避雷器连续雷电侵入波下吸收能量波形

出的典型500 kV避雷器的能量耐受能力（通流容量，6.2 MJ）的25%左右。

相比之下，考虑雷电流源两次回击之间的不同连续电流水平的条件，根据相关标准，回击间的连续电流一般推荐值在200~800 A之间，避雷器在3次回击下的总吸收能量如表3-23所示，连续电流产生的能量增加不足1 J。合理的解释是，以800 A为例，考虑500 kV线路波阻抗300 Ω，绕击导线后往两侧变电站的侵入波幅值为120 kV，不考虑衰减并在线路侧断路器断口全反射，幅值240 kV的电压波加在避雷器上，由于避雷器的非线性特性，流过电流低于0.01 mA，吸收能量很低。当然，在小概率条件下，连续电流可达到千安级，此时，连续电流产生的能量增加较多，可达到兆焦级别，与回击过程吸收能量可比拟。

可见，考虑到连续电流一般为数百安，回击间隔的连续电流给避雷器带来的额外能量吸收可以忽略不计。

表 3-23　考虑连续电流后 500 kV 线路 14 的线路侧避雷器增加吸收的能量

连续电流（A）	增加吸收的能量	连续电流（A）	增加吸收的能量
200	1.27×10^{-4} J	1000	16 J
400	3×10^{-4} J	1500	91 kJ
600	0.17 J	1800	8.152 MJ
800	0.31 J	2000	20.35 MJ

3.4.3.3　500 kV 线路 15 的线路侧避雷器 A 相故障

故障线路侧避雷器型号为 Y20W1-444/1063 W，故障过程和雷电定位系统信息详见 3.3.5 节，根据收集到的 500 kV 线路 15 故障区段线路资料和 500 kV 变电站 15 的主接线资料，利用 PSCAD/EMTDC 建立雷电线路和雷电侵入波仿真模型可参照图 3-71（参数略有差异）。

从雷电定位系统查询到故障期间经历一个包含 10 个回击的连续雷击过程，根据 2.3.5 节不同频次的严苛连续雷击等效电源模型得出用于仿真计算的负极性连续雷击波形如图 3-76 所示，其中有 6 次回击电流幅值超过 500 kV 线路绕击耐雷水平（约 22 kA），这 6 次雷电流大部分经杆塔入地，只形成幅值较小的侵入波，另有 4 次雷电流幅值低于绕击耐雷水平，雷电流沿导线向两端传播侵入。

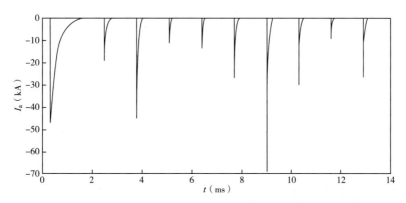

图 3-76　500 kV 线路 15 连续 10 次回击仿真雷电波形

（1）首次回击为 1/200 μs 的 Heidler 波形，-47.3 kA。

（2）后续第一次回击为 0.40/42.6 μs 的复合函数波形，-19.1 kA。

（3）后续第二次回击为 0.28/26.4 μs 的复合函数波形，-45.0 kA。

（4）后续第三次回击为 0.34/26.2 μs 的复合函数波形，–11.2 kA。

（5）后续第四次回击为 0.20/26.6 μs 的复合函数波形，–14.0 kA。

（6）后续第五次回击为 0.28/20.8 μs 的复合函数波形，–27.0 kA。

（7）后续第六次回击为 0.28/20.8 μs 的复合函数波形，–68.8 kA。

（8）后续第七次回击为 0.28/20.8 μs 的复合函数波形，–29.9 kA。

（9）后续第八次回击为 0.28/20.8 μs 的复合函数波形，–9.6 kA。

（10）后续第九次回击为 0.28/20.8 μs 的复合函数波形，–26.9 kA。

雷电流源不考虑回击之间的连续电流，只考虑回击的脉冲过程，仿真计算得到 10 次回击下 500 kV 线路 15 的线路侧避雷器动作电流和残压波形，以及避雷器吸收能量情况如图 3–77~图 3–79 所示，可以看出，避雷器动作泄放电流最大接近 16.5 kA，最大残压约 1000 kV（当雷电流超过耐雷水平，雷电侵入波变为截波，因此在 10 次连续雷击下，避雷器残压并不全是标准的雷电波），避雷器 10 次回击下的累计吸收能量为 1.69 MJ，仅为 4.4.2 节得出的典型 500 kV 避雷器的能量耐受能力（通流容量，6.2 MJ）的 27% 左右。

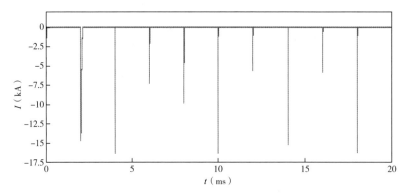

图 3–77　500 kV 线路 15 的线路侧避雷器连续雷电侵入波下动作电流波形

500 kV 线路 15 的线路侧避雷器能量吸收与 3.4.3.2 节 500 kV 线路 14 的线路侧避雷器 B 相相当，而回击数却更多，原因是 500 kV 线路 15 的连续雷击过程的回击电流普遍较大，超过绝缘子耐雷水平，导致两个案例的有效回击电流相当。

3.4.3.4　500 kV 线路 12 的线路侧避雷器 B 相故障

故障线路侧避雷器型号为 Y20W1–444/1063 W，故障过程和雷电定位系统信息详见 3.3.2 节，根据收集到的 500 kV 线路 12 故障区段线路资料和 500 kV 变电站 12

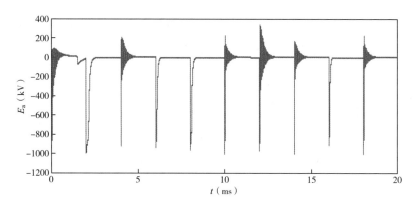

图 3-78　500 kV 线路 15 的线路侧避雷器连续雷电侵入波下残压波形

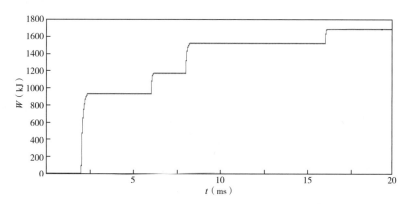

图 3-79　500 kV 线路 15 的线路侧避雷器连续雷电侵入波下吸收能量波形

的主接线资料，利用 PSCAD/EMTDC 建立雷电线路和雷电侵入波仿真模型可参照图
3-71（参数略有差异）。

　　查询 500 kV 线路 12 的 C 相接地短路（19 时 41 分 29 秒）前后 1 min 分布式故障
精确定位装置信息，在 C 相线路上共有 10 个雷击信号，分属两次连续雷击过程，
全部能够与雷电定位系统时间上准确对应，如表 3-15 所示，说明故障期间经历了
两个连续雷击过程，回击次数分别为 7 次和 3 次，两个连续雷击过程时间连贯，根
据 2.3.5 节不同频次的严苛连续雷击等效电源模型得出用于仿真计算的负极性连续
雷击波形如图 3-80 所示，其中有 1 次回击电流幅值超过 500 kV 线路绕击耐雷水平
（约 22 kA），雷电流大部分经杆塔入地，形成幅值较小的侵入波，另有 9 次雷电流
幅值低于绕击耐雷水平，雷电流沿导线向两端传播侵入。

　　第一个连续雷击过程：

　　（1）首次回击为 1/200 μs 的 Heidler 波形，−20.7 kA。

181

（2）后续第一次回击为0.40/42.6 μs的复合函数波形，–16.3 kA。

（3）后续第二次回击为0.28/26.4 μs的复合函数波形，–40.6 kA。

（4）后续第三次回击为0.34/26.2 μs的复合函数波形，–5.6 kA。

（5）后续第四次回击为0.20/26.6 μs的复合函数波形，–11.4 kA。

（6）后续第五次回击为0.28/20.8 μs的复合函数波形，–6.7 kA。

（7）后续第六次回击为0.28/20.8 μs的复合函数波形，–20.1 kA。

第二个连续雷击过程：

（1）首次回击为1/200 μs的Heidler波形，–4.9 kA。

（2）后续第一次回击为0.28/26.4 μs的复合函数波形，–15.6 kA。

（3）后续第二次回击为0.34/26.2 μs的复合函数波形，–7.6 kA。

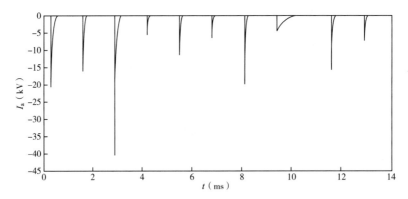

图 3-80   500 kV 线路 12 连续 10 次回击仿真雷电波形

仿真计算得到10次回击下500 kV线路12的线路侧避雷器动作电流和残压波形，以及避雷器吸收能量情况如图3-81~图3-83所示，可以看出，避雷器动作泄放电流最大接近16.19 kA，最高残压约1001.1 kV，避雷器累计吸收的总能量约3.45 MJ，其中第一次连续雷击过程吸收能量为2.80 MJ，第二次连续雷击过程吸收能量为0.65 MJ。

3.4.3.5   实际案例的避雷器吸收能量汇总分析

总结所有6起500 kV避雷器故障案例的连续雷击过程中电流及累计吸收能量计算结果如表3-24和表3-25所示，可以看出：

（1）故障发生前的连续雷击过程短时间（1 s）内500 kV线路侧避雷器累计吸收的总能量普遍超过其通流容量的25%。

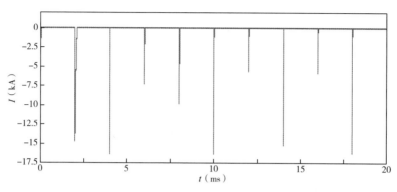

图 3-81 500 kV 线路 12 的线路侧避雷器连续雷电侵入波下动作电流波形

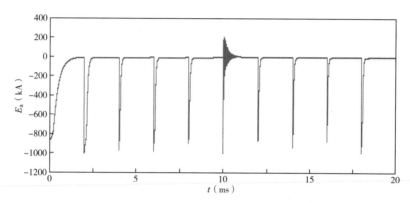

图 3-82 500 kV 线路 12 的线路侧避雷器连续雷电侵入波下残压波形

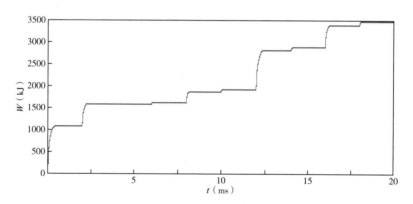

图 3-83 500 kV 线路 12 的线路侧避雷器连续雷电侵入波下吸收能量波形

（2）对于回击次数较多，或者有效回击电流较高（接近但没达到线路绝缘子耐雷水平）的严苛情形，吸收能量可能达到通流容量的50%，避雷器快速劣化的风险更高。

（3）避雷器在连续雷击过程中吸收的总能量远达不到其通流容量水平（500 kV避雷器取6.2 MJ，见4.4.2节），进一步说明连续雷击侵入波的能量不足以直接造成避雷器热崩溃，而是引发了避雷器电阻片的快速劣化，且吸收能量越多，避雷器快速劣化的风险更高。

表 3-24　避雷器故障案例所涉及的连续雷击过程电流参数

线路侧避雷器	连续雷击过程	雷电流参数
500 kV 线路 11 的 A 相避雷器	负极性连续雷击过程，包括 9 个回击	（1）首次回击电流幅值 −6.5 kA。 （2）后续回击电流幅值 −25.8、−16.8、−23.4、−20.3、−16.1、−12.8、−20.3、−9.9 kA
500 kV 线路 12 的 C 相避雷器	负极性连续雷击过程，包括 10 个回击	（1）首次回击电流幅值 −20.7 kA。 （2）后续回击电流幅值 −16.3、−40.6、−5.6、−11.4、−6.7、−20.1、−4.9、−15.6、−7.6 kA
500 kV 线路 13 的 A 相避雷器	负极性连续雷击过程，包括 4 个回击	（1）首次回击电流幅值 −23.4 kA。 （2）后续回击电流幅值 −11.1、−20.6 kA 和 −7.8 kA
500 kV 线路 14 的 B 相避雷器	负极性连续雷击过程，包括 3 个回击	（1）首次回击电流幅值 −6.3 kA。 （2）后续回击电流幅值 −16.0 kA 和 −11.9 kA
500 kV 线路 15 的 A 相避雷器	负极性连续雷击过程，包括 10 个回击	（1）首次回击电流幅值 −47.3 kA。 （2）后续回击电流幅值 −19.1、−45.0、−11.2、−14.0、−27.0、−68.8、−29.9、−9.6 kA 和 26.9 kA
500 kV 线路 16 的 C 相避雷器	负极性连续雷击过程，包括 3 个回击	（1）首次回击电流幅值 −11.9 kA。 （2）后续数次回击电流幅值 −17.0 kA 和 −10.2 kA

表 3-25　故障案例的避雷器在连续雷击过程中累计吸收能量计算结果

线路侧避雷器	电压等级（kV）	故障避雷器型号	避雷器累计吸收能量（MJ）	通流容量占比（%）
500 kV 线路 11 的 A 相	500	Y20W2−444/1050B1	3.33	53.7
500 kV 线路 12 的 C 相	500	Y20W1−444/1063W	2.80	45.2
500 kV 线路 13 的 A 相	500	Y20W5−444/1063W	1.60	25.8
500 kV 线路 14 的 B 相	500	Y20W−444/1050	1.51	24.3
500 kV 线路 15 的 A 相	500	Y20W1−444/1063W	1.69	27.3
500 kV 线路 16 的 C 相	500	Y20W−444/1063W1	2.34	37.7

3.4.4　连续雷击过程电阻片的快速劣化

从避雷器故障案例分析、连续冲击模拟实验和故障案例能量吸收计算结果看，避雷器在整个重复雷击过程中吸收的总能量较其通流容量来说占比并不高，不足以直接造成避雷器热崩溃，合理的解释是，重复回击雷电流在短时间内为避雷器注入较多的能量，造成电阻片发生不可逆的快速劣化，之后在系统运行电压下最终发展为热崩溃。

连续雷击过程在线路上形成的雷电侵入波条件下，避雷器快速劣化的影响因素较多，热效应引发的短时间内温度显著升高是其中一个方面，在温升背景下，较高的回击电流上升陡度可能给电阻片侧面的沿面绝缘带来闪络风险，且与避雷器和电阻片的结构有较大的关系。

连续冲击模拟实验发现，电阻片在冲击电流下的损坏特征主要有贯穿破坏、开裂破坏和侧面闪络（见图 3-84）。

图 3-84　电阻片侧面釉闪络形式

图 3-85 和图 3-86 是发生贯穿破坏（穿孔）和侧面闪络损坏形式的电阻片微观结构对比，可以看出：

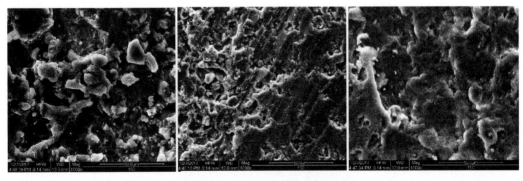

图 3-85　穿孔电阻片的微观结构

（1）未损坏的部分的微观结构表面较为光滑平整，未发现气孔等现象，而受到冲击损坏的部位，可以从中明显看到各种气孔，且晶粒尺寸有明显变化，形貌不均匀。

（2）电阻片远离击穿的部分结构均匀，内部平整、光滑，而击穿处可以明显看

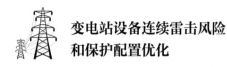
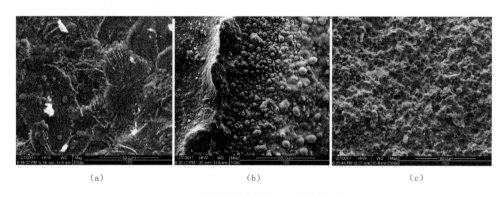

图 3-86　侧面闪络损坏电阻片的微观结构

（a）远离击穿处；（b）击穿通道处；（c）击穿处

出不同大小尺寸颗粒物，气孔变多。

　　模拟重复雷击下电阻片侧面釉闪络现象应引起重视，典型如图 3-84 所示，图 3-87 为正常和闪络下的典型残压波形，因为在连续雷击过程中，电阻片除了传统的发热效应之外，短时间承受连续的高幅值冲击电流，加上后续回击电流上升陡度更高，波头更短，将增大电阻片侧面釉的闪络风险；重复雷击的回击间隔具有一定幅值的持续电流，电阻片吸收的能量有所增加，雷电流的长波尾可能是导致电阻片快速劣化的一个不利因素；电阻片耐受连续冲击后的势垒高度会明显降低，可以推测，避雷器在连续雷击过程之后的系统电压下运行时，其内部电阻片已经有个别出现加速劣化的趋势，并具有一定的分散性。

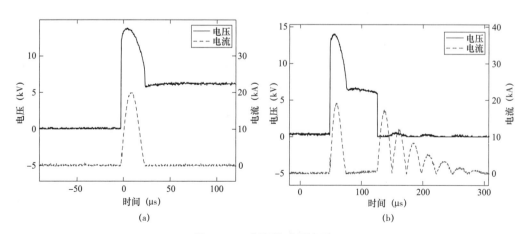

图 3-87　电阻片残压波形

（a）正常时；（b）闪络时

⚡ 3.4.5 连续雷击过程之后的恶性循环

无间隙避雷器是由数十片电阻片串联，外面封装绝缘材料（瓷外套或复合绝缘外套）的组合体，其等值电路可看成电容 C（主要是对地分布电容）和非线性电阻 R（主要是电阻片）的并联，如图 3-88 所示。

相应地，流过避雷器的电流（也称泄漏电流，或全电流）由容性电流和阻性电流分量组成，其中容性电流超前端部电压 90°，阻性电流与端部电压同相位，如图 3-89 所示。

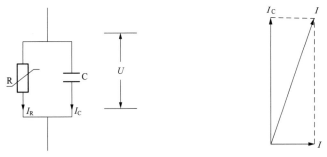

图 3-88　无间隙金属氧化物避雷器模型　　图 3-89　避雷器的全电流组成

避雷器的电阻片 R 为非线性元件，其阻性电流含有复杂的谐波分量，一般取其峰值来表示，且由于避雷器电阻值非常大，正常运行电压下其阻性电流很小（典型值仅为数十微安到数百微安），在全电流中占比仅为 10%～20%。

避雷器损坏原因主要是发热，反映有功损耗的阻性泄漏电流，成为判断避雷器状态的基本参量，而对电阻片劣化起决定作用的是阻性电流，即避雷器电流的阻性分量，电阻片劣化即表征为在系统正常运行电压下阻性电流显著增加，伴随着发热引起的温升。

在连续雷击过程中，避雷器短时间内吸收较多雷电能量而可能导致个别电阻片（多为长期运行中出现劣化趋势而状态较差的电阻片）出现不可逆的快速劣化后，在重复雷击过程之后的系统运行电压作用下，将出现加速崩溃的恶性循环过程。

荷电率为避雷器承受运行电压与额定电压的比值，反映避雷器的负担轻重程度，一般制造水平电阻片的荷电率可达到 80%，较好者可允许 90% 荷电率下运行；以典型的 YH10W-108/281 型 110 kV 无间隙避雷器为例，在 110 kV 正常运行电压（63 kV）下，荷电率约为58%，最高运行电压（73 kV）下，荷电率可达到67%。

荷电率越高，避雷器正常运行下将流过的泄漏电流越大，将增加避雷器的老化（劣化）风险。

一般来说，荷电率较低（低于90%）时，电阻片的阻性电流较小，避雷器电阻片串的轴向电压分布按电容分布（见图3-88），随着荷电率升高，避雷器端部电压升高，电阻片的阻性电流显著增大，非线性电阻不可忽略，当电阻片的荷电率高于110%时，电阻片串的轴向电压分布较为复杂，不再单纯按电容分布。

当连续雷击造成个别电阻片（在电阻片串中的分布可能没有规律）出现快速劣化后，图3-88的等效电阻R降低，但等值电容取决于电阻片内部结构和避雷器的空间结构，一般不会出现显著变化，由于荷电率较低，电阻片串的电压分布仍然按照电容分布，各电阻片分配到的系统电压较为均匀，此时，出现加速劣化的个别电阻片流过电流持续增加，导致持续发热，直流参考电压 U_{1mA} 下降。金属氧化物电阻片的负温度系数特征，使得电阻继续下降，电流持续增大，荷电环境更加恶劣，最终造成个别电阻片最先出现热崩溃。

部分电阻片出现热崩溃后，相当于短接电阻片，等效于其他健康电阻片的荷电率增大，阻性泄漏电流增大，最终避雷器的电阻片串出现电阻片陆续热崩溃，造成恶性循环，这也是连续雷击过程之后数分钟到数小时出现避雷器损坏的解释。

3.5　连续雷击引起110 kV线圈类设备匝间绝缘故障案例

⚡ 3.5.1　110 kV变电站18的1号主变压器

3.5.1.1　基本情况

2021年7月28日16时46分17秒，110 kV变电站18型号为SZ10-50000/110的1号主变压器差动保护动作跳开110 kV侧和10 kV侧断路器，16时46分23秒轻瓦斯保护动作报警，10 kV分段500、550断路器备用电源自动投入装置动作成功，无负荷损失，110 kV变电站18的1号主变压器失压。

110 kV变电站18采用单线单变接线结构，1号主变压器由110 kV线路18供电，供10 kV1号母线运行，2、3号主变压器由另两条110 kV线路单独供电；110 kV线路18的线路侧避雷器兼做主变压器变高避雷器，为Y10W1-100/248 W型无间隙避雷器，2000年投运，该早期型号的避雷器额定电压和残压较低，残压较目前典型的电站性避雷器（Y10W-108/281型）低12%，理论上保护性能更好。

故障期间，110 kV线路18的线路侧避雷器仅B相动作次数增加1次，其他相避雷器无动作记录。

3.5.1.2 雷电活动情况

雷电监测系统查询结果如表3-26所示，故障发生前后5 min内，110 kV线路18沿线频繁遭受雷击，共计52次；故障时刻（16时46分17秒）前有3个落雷位于110 kV变电站18附近，位于11~14号杆塔之间（110 kV变电站18终端塔为51号杆塔），距离110 kV变电站18最近的带串联间隙线路避雷器位于46号杆塔。

表 3-26 雷电监测系统查询结果

序号	时间	经度（°）	纬度（°）	电流（kA）	回击次数	定位探测站数	最近距离（m）	最近杆塔号
1	16时44分34.555秒	113.9850	22.9456	-56.3	1	5	239	46~47
2	16时44分45.871秒	113.9781	22.9656	7.7	2	4	831	51
3	16时45分31.625秒	113.9965	22.9574	13.9	2	3	866	41
4	16时46分10.279秒	114.0059	22.9435	-35.6	3	26	275	11~12
5	16时46分10.328秒	114.0036	22.9457	-17.0		10	36	
6	16时46分10.390秒	114.0095	22.9397	-40.4		24	709	14
7	16时46分34.068秒	114.0178	22.9407	-16.4	2	7	792	19
8	16时46分34.251秒	114.0190	22.9426	-13.5		5	624	20~21
9	16时46分44.798秒	113.9819	22.9625	-11.6	3	6	423	51
10	16时46分44.801秒	113.9832	22.9441	-3.9		3	473	46~47
11	16时46分44.907秒	113.9758	22.9620	-19.0		8	726	51
12	16时46分52.653秒	113.9855	22.9563	7.8	1	3	378	51
13	16时46分55.713秒	113.9964	22.9416	-2.7	1	2	2	6~7

3.5.1.3 返厂检查情况

现场检查发现1号主变压器本体气体继电器内部有气体，本体绝缘油中乙炔含量为32.55 μL/L。对1号主变压器进行电气试验，绕组直流电阻、绕组变形、绕组低电压阻抗试验存在异常，本体绝缘电阻和介质损耗试验合格。

解体检查发现高压A、C相各侧线圈外观完好，绕组无变形、移位现象；B相绕组故障点位于高压引线逆时针旋转第6挡（共16挡）、从上往下第33饼及34饼（共96饼）位置，其中33饼绕组从外往内第7、8股导线出现贯穿性烧融现象，34饼绕组上部存在一个烧蚀形成的凹槽，如图3-90~图3-92所示。

图3-90 B相高压绕组外壁绝缘破损

图3-91 B相高压绕组第33饼匝间短路

图 3-92　B 相高压绕组第 34 饼烧蚀痕迹

3.5.1.4　故障原因分析

1 号主变压器自投运以来历史缺陷共有 6 个，分别为渗漏油缺陷 4 个、无法调挡 1 个、变低套管接头发热 1 个，可判断主变压器在跳闸前没有发生影响主变压器绝缘或可能引起主变压器故障的缺陷。

1 号主变压器跳闸前，自投运以来无跳闸记录，对应 110 kV 线路 18 一共跳闸 18 次，其中 B 相故障 9 次。

根据故障现象判断本次故障原因，由于 1 号主变压器投运 21 年，运行过程中遭受 110 kV 线路 18 跳闸冲击 18 次（其中 B 相 9 次），导致 B 相高压绕组绝缘劣化，电气强度下降。此次线路遭受雷击后，雷电波经主变压器高压侧避雷器后的残压使 B 相高压绕组匝间绝缘击穿并发展为电弧放电，放电后主变压器差动保护动作跳开主变压器高、低压侧断路器，随后由于变压器油受热分解产生气体集聚在气体继电器内，从而变压器轻瓦斯保护报警。

根据试验结果、故障录波图、历史跳闸情况、现场检查以及返厂解体情况，对故障分析过程如下：

（1）根据油化试验数据，可以判断变压器内部发生放电，从低电压阻抗、绕组变形测试结果可以判断该内部故障发生在变压器高压侧 B 相。

（2）从故障录波图看，16 时 46 分 17 秒 459 毫秒，1 号主变压器本体内部故障。二次故障差动电流 1.313 A，大于差动电流定值 0.8 A，保护正确动作。根据录波信息分析，主变压器 B 相高压绕组发生匝间短路。

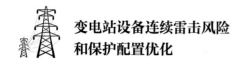

（3）从线路落雷情况分析，110 kV变电站18附近落雷频繁，查询雷电定位系统，故障时刻有两次落雷位于变电站附近。结合现场检查发现110 kV线路18的线路侧避雷器B相计数器动作次数增加1次，表明B相遭受雷击。由于站外最近的线路避雷器位于46号杆塔，离变电站较远（110 kV变电站18外终端杆塔为51号杆塔），46~51号杆塔之间的落雷产生的雷电流无法经线路避雷器释放，直接入侵主变压器。同时，根据110 kV线路18的历史跳闸情况，B相故障跳闸冲击次数最多，可能导致故障前B相高压绕组存在绝缘劣化。

（4）返厂解体发现除高压B相绕组存在故障点外，铁芯、引线、分接开关及其他绕组及垫块经检查均无异常。高压B相绕组故障点位于高压引线逆时针旋转第6挡（以高压出线为第1挡，逆时针计数，共16挡）、从上往下第33饼及34饼（共96饼）位置，其中33饼绕组从外往内第7、8股导线出现贯穿性烧融现象，34饼绕组上部存在一个烧蚀形成的凹槽，表明高压B相绕组发生了匝间短路，与保护动作信息及高压试验的判断结果一致。

（5）110 kV变电站18共设置了6根避雷针，含3根独立避雷针和3根构架避雷针，外观检查均无异常，经检查该站避雷针实际设置与图纸相符，并与设计单位复核，确认避雷针位置、数量及保护范围设置满足规范要求。根据GB/T 28547—2012《交流金属氧化物避雷器选择和使用导则》，避雷器残压需在281 kV以下，该避雷器残压为248 kV，满足要求，避雷器选型正确。经查询，1号主变压器雷电冲击电压为480 kV，而避雷器残压为248 kV，远低于主变压器雷电冲击电压的80%（384 kV），因此认为避雷器和主变压器的绝缘配合满足要求，连续雷击引起的雷电侵入波因后续回击的陡度较低，变压器绕组匝间绝缘暂态过电压较高而引起匝间绝缘击穿的风险较高。

⚡ 3.5.2　110 kV变电站19的2号主变压器

3.5.2.1　基本情况

2021年9月16日，运行人员对110 kV变电站19开展雷雨天气后特巡，发现2号主变压器（SZ11-63000/110型，2018年10月投运）变低套管存在严重渗漏油，底部有明显油渍，按缺陷定级标准确定为紧急缺陷，紧急申请停电进行渗漏油处理。

同步进行现场检查和相关电气试验，未发现无异常；对本体下部取油样进行色谱分析，发现乙炔含量（11.94 μL/L）超注意值，氢气、甲烷、乙烯、乙烷、总烃均有增长，初步怀疑主变压器内部存在放电。

110 kV线路19的线路侧避雷器安装在终端塔上，型号为Y10W–108/281 W，雷电冲击残压不高于281 kV；事后检查变电站110 kV母线避雷器和110 kV线路19的线路侧避雷器无动作记录，对110 kV线路19的线路侧及母线侧避雷器带电测试和放电计数器检查试验合格。

该主变压器自投运以来无跳闸记录，2021年7月10日，对该主变压器铁芯和夹件接地电流测试结果偏大，停电处理后恢复正常绝缘状态。

3.5.2.2 雷电活动情况

查询雷电定位系统，发现故障发生前后5 min内，110 kV线路19通道1 km范围内频繁发生雷击，共计10次；故障时刻有3次落雷位于N53（终端塔）附近，属于雷电侵入较为严苛的近区落雷，雷电活动情况如表3–27所示。

表 3–27 雷电监测信息查询结果

序号	时间	经度（°）	纬度（°）	电流（kA）	回击次数	定位探测站数	最近距离（m）	最近杆塔号
1	14时39分32.298秒	114.4155	22.9257	−5.2	2	4	505	47~48
2	14时39分32.554秒	114.4199	22.9253	−19.7		16	851	47~48
3	14时41分45.655秒	114.4078	22.9328	9.5	1	2	315	51
4	14时43分07.290秒	114.4155	22.9311	−25.8	2	23	125	47~48
5	14时43分07.319秒	114.4043	22.9277	−3.9		3	256	52
6	14时44分55.536秒	114.3994	22.9245	−26.8	1	22	817	52
7	14时45分54.012秒	114.4342	22.9517	−15.0	3	3	617	34
8	14时45分54.878秒	114.4165	22.9220	−25.6		23	848	48
9	14时45分55.012秒	114.4337	22.9520	−18.6		11	664	34
10	14时46分53.242秒	114.3998	22.9298	−22.3	2	19	555	52
11	14时46分53.313秒	114.4009	22.9343	−15.5		11	612	52
12	14时47分04.723秒	114.4334	22.9479	−13.0	1	10	375	34~35
13	14时48分22.002秒	114.4090	22.9189	−35.4	1	5	906	49
14	14时49分27.872秒	114.4127	22.9238	−16.6	1	14	486	49
15	14时50分43.870秒	114.4126	22.9332	−30.5	1	24	228	47~48

续表

序号	时间	经度（°）	纬度（°）	电流（kA）	回击次数	定位探测站数	最近距离（m）	最近杆塔号
16	14时52分25.326秒	114.3979	22.9336	−52.9	2	32	779	53
17	14时52分25.417秒	114.3983	22.9349	−37.5		32	814	53
18	14时53分17.283秒	114.4007	22.9365	−22.5	4	17	747	53
19	14时53分17.380秒	114.4025	22.9350	−11.4		8	570	52
20	14时53分17.548秒	114.4056	22.9290	−57.5		37	101	51 ~ 52
21	14时53分17.576秒	114.4029	22.9367	−10.4		8	710	52
22	14时55分57.317秒	114.4001	22.9266	−23.5	1	19	636	52
23	15时01分37.608秒	114.4113	22.9360	7.5	1	3	511	46 ~ 47

3.5.2.3 返厂检查情况

故障变压器返厂后进行了电压比、低电压空载、低电流短路阻抗、绕组变形试验，测量铁芯对夹件绝缘电阻大于500 MΩ，合格。

检查发现A相的高压线圈两处饼间绝缘击穿，高压侧引线处从上往下第3、4饼和5、6饼间放电，如图3-93所示。

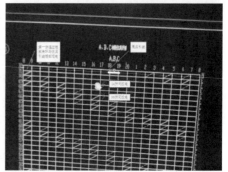

图 3-93　高压 A 相线圈第 3、4 饼和 5、6 饼间放电

高压 A 相绕组低压侧出线处与低压引线间存在树枝状爬电痕迹，如图 3-94 所示。

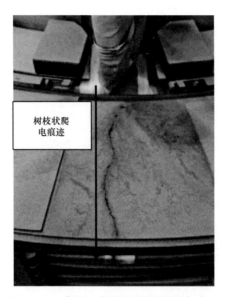

图 3-94　高压 A 相绕组树枝状爬电痕迹

3.5.2.4　故障原因分析

根据雷电定位系统信息，故障时刻 110 kV 线路 19 的 N53 终端塔附近有落雷，雷电流幅值为 52.9 kA，已达 110 kV 线路反击耐雷水平（50~60 kA），落雷击中杆塔塔顶或避雷线，通过杆塔向大地泄流，杆塔电位升高，杆塔电位与系统电压电位差超过绝缘子耐受值，导致 A 相绝缘子闪络。

根据式（3-1）计算雷击杆塔过电压 U_t 为 834 kV，该电压值已超过线路绝缘水平，将造成线路绝缘子击穿，但根据式（3-2）计算冲击闪络转化为稳定的工频电弧的建弧率仅为 31%，推断反击后可能未能形成稳定的工频电弧而导致线路跳闸，雷电波沿线路向变电站内入侵；另外，考虑到动作计数器多采用流过避雷器电流为电容器储能方式的机械式放电计数器，计数器存在不动作的可能性。

综合过电压分析和返厂检查结果，A 相高压线圈存在饼间放电及端部角环处的沿面爬电，故障原因可能为 2 号主变压器绕组端部饼间存在杂质，由于连续雷击的后续回击陡度较高，故在雷电侵入波作用下绕组端部饼间电位差较大，导致绕组端部饼间绝缘发生击穿放电。

3.6 典型变压器绕组匝间故障案例的过电压计算

⚡ 3.6.1 仿真计算模型

以 110 kV 变电站 18 的 1 号主变压器故障为例，该变电站采用单线单变接线结构，110 kV 线路 18 的线路侧避雷器兼做主变压器变高避雷器，为早期无间隙避雷器，型号为 Y10W1–100/248 W，具体情况见 3.5.1 节。

根据收集到的 110 kV 线路 18 故障区段线路资料和 110 kV 变电站 18 的主接线资料，利用 PSCAD/EMTDC 建立雷电线路和雷电侵入波仿真模型如图 3–95 所示。

从雷电定位系统查询到故障时刻前经历一个包含 3 个回击的连续雷击过程，考虑到回击电流幅值偏大，且大大超过 110 kV 线路绕击耐雷水平（约 5 kA），设定雷电直击杆塔顶部。

雷电冲击过电压作用下，变压器等值电路包含了电感、电阻、电容等参数，部分连续绕组的分布如图 3–96（a）所示，其中 C_{kn} 为匝间电容，C_{ln} 为对地电容。

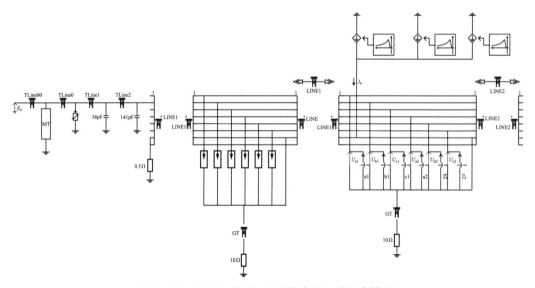

图 3–95 110 kV 线路 18 的雷电侵入波仿真模型

由于雷电冲击过电压频率很高，在计算绕组电位分布时，等值电路中的电容、电感参数起主要影响作用，可忽略电阻参数。

高频雷电冲击过电压刚作用于绕组时，感抗非常大，流过电流也就很小，而容抗很小，因此，在初始时刻甚至可以将电感元件忽略，仅保留电容元件。这样就可以将变压器绕组等值电路看作是由大量电容元件串并联的链式网络，暂态过电压下变压器绕组模型简化后的绕组等值电路模型如图 3-96（b）所示。

变压器绕组中的电磁振荡过程在雷电侵入波初始时刻后 10 μs 内仍未发展起来。因此，在分析雷电侵入波的危害时，仍可忽略绕组的电感阻抗，沿绕组的电位分布与起始电位分布非常接近，因此仅考虑变压器的电容部分即可，沿用图 3-96（b）的模型进行仿真计算。

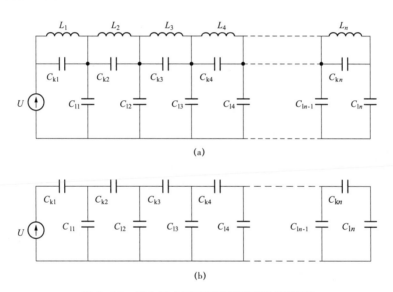

图 3-96　雷电冲击下变压器绕组波过程模型

（a）通用模型；（b）雷电冲击过电压起始时刻的绕组模型

雷电侵入波过程结束后，在稳态系统电压作用下，沿绕组的电位分布只取决于绕组导体电阻而沿绕组长度呈线性分布，此时图 3-96（a）的 L_n 相当于短路，C_{kn} 和 C_{ln} 相当于开路。

由于沿绕组电位起始分布与稳态分布不同，在由电感、电容构成的复杂回路中，要经过一个过渡过程才能达到稳态。

由于绕组电感和电容之间的电磁能量转换，过渡过程具有电磁振荡的性质。振荡的激烈程度与稳态电位和起始电位两者之差有关，差值越大，振荡就越强烈。变压器内存在损耗（铜损耗、铁损耗、介质损耗等），上述振荡是阻尼的。

起始电位分布与稳态电位分布的差异是绕组内产生振荡过电压的根本原因，而起始电位分布最不均匀的部分则是靠近绕组首端的部分，表现为匝间电位差较大，负担最为严重，风险最高，因此，需要准确计算雷电侵入波初始时刻靠近绕组首端的匝间过电压。

利用PSCAD/EMTDC建立变压器绕组模型如图3-97所示，在图3-96（b）中，为更清晰地监测变压器绕组首端匝间电压，对于前10匝，设置每1匝为1个单元，而后设置20匝为1个单元。

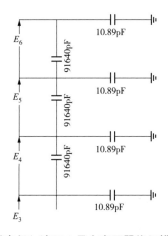

图 3-97　雷电侵入波下 1 号主变压器绕组模型仿真模型

根据2.3.5节不同频次的严苛连续雷击等效电源模型得出用于仿真计算的负极性连续雷击波形如图3-98所示，其中：

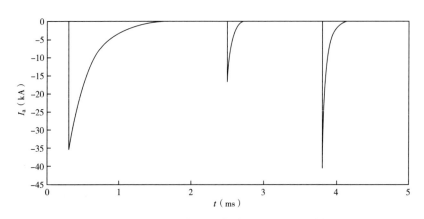

图 3-98　110 kV 线路 18 故障期间连续雷击波形

（1）首次回击为 1/200 μs 的 Heidler 波形，–35.6 kA。

（2）后续第一次回击为 0.40/42.6 μs 的复合函数波形，–17.0 kA。

（3）后续第三次回击为 0.34/26.2 μs 的复合函数波形，–40.4 kA。

3.6.2　仿真计算结果和分析

根据故障过程的分析和回击电流的波形，设置雷击 B 相，仿真得到三次回击作用在输电线路上时，导线上电压波形如图 3–99 所示，可以发现，仅有后续第三次回击超过了 110 kV 输电线路的反击耐雷水平，绝缘子发生闪络，导线上电压较高，最高可达 1521 kV；首次回击与后续第一次回击并未达到 110 kV 输电线路的反击耐雷水平，导线上电压由避雷线对导线的耦合得到，最高电压低于 150 kV，这与该次连续雷击过程中线路侧避雷器仅动作一次相符。

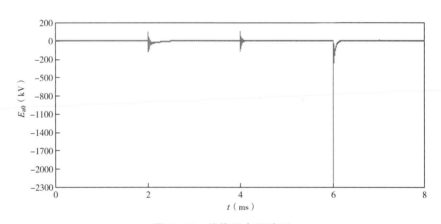

图 3–99　绝缘子电压波形

根据前面的主变压器绕组模型，仿真得到 110 kV 变电站 18 的 1 号主变压器高压绕组端部电压与变高避雷器端部波形如图 3–100 所示，可以看出，两者的电压波形基本一致，这是由于主变压器与避雷器电气距离较小，主变压器端电压最大可以达到 229 kV。

1 号主变压器高压绕组前 5 匝的匝间电压波形如图 3–101 所示，主变压器前 5 匝的匝间电压较为均匀，这是由于变压器匝间电容远高于对地电容，变压器绕组中的电位分布取决于绕组匝间电容与对地电容的比值，比值越小变压器绕组的电位分布则越均匀，匝间电压最高可以达到 0.37 kV。

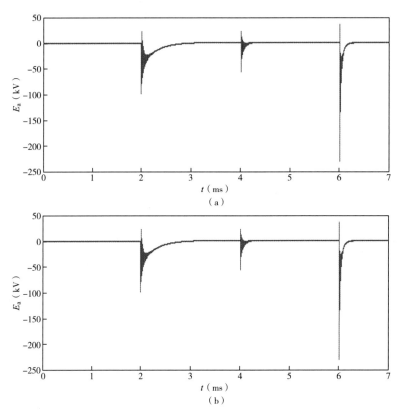

图 3-100   110 kV 变电站 18 的 1 号主变压器高压绕组和变高避雷器端部电压波形

（a）变压器高压绕组端部电压波形；（b）变高避雷器端部电压波形

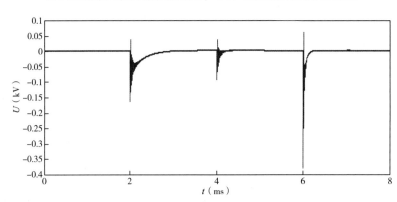

图 3-101   110 kV 变电站 18 的站 1 号主变压器高压绕组匝间电压波形

考虑严苛情况，设置雷电绕击输电线路，雷电流取 7 kV（110 kV 输电线路绕击耐雷水平），主变压器匝间电压如图 3-102 所示，可以看出，与雷击反击杆塔造成的雷电侵入波相比，雷电绕击线路在变压器匝间产生的过电压基本一致，匝间电压最高可达 0.38 kV。

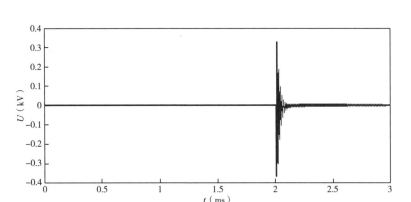

图 3-102　考虑绕击导线时 110 kV 变电站 18 的 1 号主变压器变高绕组匝间电压波形

3.7　本章小结

（1）变电站雷电侵入波保护的主体是线路侧避雷器，充当雷电侵入波防护的第一道防线，也使得线路侧避雷器与线路侧断路器、电流互感器在承受雷电侵入波风险方面首当其冲。

（2）变电站设备连续雷击风险分线路跳闸和线路不跳闸两种情形，前者的风险设备是线路侧断路器、电流互感器和线路侧避雷器，后者则是变电站内变压器等线圈类设备。

（3）连续雷击过程的主放电或前序回击引起线路绝缘子闪络并建弧后，线路侧断路器切除故障线路，而在两次回击之间的 100 ms 量级短时间间隔内，线路侧断路器实际上处于热备用状态，断口灭弧室的弧后 SF_6 气体介质仍处于热状态，还没有恢复到正常状态下的冲击耐受绝缘强度，在后续回击的侵入波作用下击穿重燃的风险较高，这个问题在 220 kV 等级断路器上较为突出。

（4）典型线路侧断路器故障案例的侵入波过电压计算结果显示，连续雷击过程回击间的短时间间隔内，断口间雷电冲击耐受电压降至正常状态下的雷电冲击耐受电压水平的 70%~85% 之间，因断路器断口的型式和结构而有所不同，该因素成为断口重燃的主要原因；此外，缓冲弹跳使断路器实际开距减小，该不利因素也将降低断口雷电冲击耐受电压，增加断口重击穿的风险。

（5）连续雷击工况下线路侧断路器的断口重击穿原因有：①线路侧避雷器选

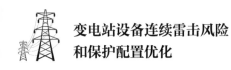
型不当，选择带串联间隙的线路型避雷器，在雷电侵入波下不能正确动作；②断路器断口气体绝缘强度降低，现有的无间隙金属氧化物避雷器的绝缘配合不能满足要求；③避雷器安装在终端塔上，距离断路器较远，导致对断口的保护水平不足。

（6）线路侧无间隙避雷器在连续雷击过程的短时间内可能累计吸收多次回击的能量，温升较高，同时较高的后续回击电流上升陡度也可能对电阻片侧面绝缘产生不利影响，连续雷击过程虽然没有直接引起避雷器热崩溃，但易形成不可逆的快速劣化，在后续的运行电压下发生热崩溃，这个问题尤以 500 kV 线路侧避雷器最为突出。

（7）典型 500 kV 线路侧避雷器故障案例在连续雷击过程的能量吸收计算结果显示，故障发生前的连续雷击过程短时间内线路侧避雷器累计吸收的总能量普遍超过其通流容量的 25%，对于回击次数较多，或者有效回击电流较高（接近但没达到线路绝缘子雷电冲击耐受水平）的严苛情形，吸收能量可达到 50%，但远没有达到其通流容量水平，进一步说明连续雷击侵入波的能量不足以直接造成避雷器热崩溃，而是引发了避雷器电阻片的快速劣化，且吸收能量越多，避雷器快速劣化的风险更高。

（8）对于连续雷击过程未引起线路绝缘子闪络，或闪络但未形成稳定工频电弧，线路断路器未跳闸的情形，连续雷击侵入波侵入变电站，可能引起线圈类设备匝间绝缘风险，也可能因连续雷击的累积效应引发固体、液体或者复合绝缘强度下降甚至击穿风险；线路防污调爬在提高线路绝缘水平的同时，雷电侵入波幅值相应升高，在一定程度上加大了雷电侵入波的风险。

第4章
变电站设备连续雷击侵入波防护

4.1 提高连续雷击下线路侧断路器的安全运行水平的途径

4.1.1 提高断路器灭弧室自身的绝缘强度

通过加强断路器断口绝缘水平，提升对连续雷击的耐受能力，包括：

（1）采用多断口结构。运行中会产生电场与气流场变化，导致灭弧室内部介质恢复强度降低；断口间无法达到100%均压，断口的电场强度越高，其绝缘性能越低。

（2）增加断路器断口开距。可增加断口的绝缘距离，但随着燃弧时间增长，易出现"热击穿"现象；SF_6气体间隙击穿电压对电场均匀程度较敏感，灭弧系统及操动机构绝缘配合也较复杂。

（3）研制新型绝缘气体介质。断路器设备的主要绝缘介质为SF_6气体，目前尚未寻找到绝缘恢复特性更优良的新型绝缘气体介质。

（4）提高SF_6气体压力。SF_6气体间隙的击穿电压随气压增大而提高，但具有饱和特性，且间隙越大饱和速度越快，提高SF_6气压来增大间隙的绝缘能力不是主要手段。

综上所述，目前暂无直接加强断路器断口绝缘水平的可行有效措施。

4.1.2 绝缘配合优化以提高线路侧避雷器对断口的保护水平

优化线路侧避雷器的配置，包括：

（1）选择无间隙金属氧化物避雷器。

（2）控制线路侧避雷器与断路器断口之间的电气距离。

（3）降低线路侧避雷器在雷电冲击电流下的残压。

目前，雷电活动强烈地区（南方电网和国家电网的部分省网）实施了变电站出

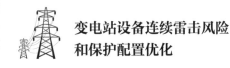
线安装线路侧避雷器保护的反措，但仍有部分单位在执行过程中认识存在偏差，一方面，避雷器选型错误地选择带串联间隙的线路型避雷器；另一方面，没有认识到线路侧避雷器与断路器断口之间的电气距离将削弱保护效果，因此，防雷实践中显示线路侧断路器在雷电侵入波防护方面出现失效的情形。

在连续雷击风险较高的地区，除了选用灭弧室雷电冲击绝缘强度较高的断路器之外，对于典型绝缘水平的线路侧断路器，提高绝缘强度的空间相对有限，主要通过加强过电压保护的途径实现线路侧断路器断口保护水平的提升，而规定避雷器与断路器断口间的电气距离满足一定范围内的基础上，主要途径则是选择低残压的避雷器。

需要强调的是，线路侧避雷器不能选择带串联间隙的线路型避雷器，实践经验证明，这往往导致线路侧避雷器对断口保护失效。

根据3.1节对线路侧断路器连续雷击故障分析，部分线路侧避雷器不合理地选择带串联间隙的线路型避雷器，是"线路终端加装避雷器"反措没有真实执行所致。

《2008年南方电网公司反事故技术措施》要求：对于雷电活动强烈，雷暴日大于90天[相当于地闪密度达7.98次/（km^2·年）]的强雷区域，新建变电站应在线路断路器的线路侧安装避雷器，已运行变电站逐步安装。

《2012年南方电网公司反事故技术措施》要求：110 kV及以上电压等级架空线路线路侧均应安装避雷器，防止因雷击跳闸期间重复落雷造成已跳开的断路器断口击穿。

国家电网公司生〔2009〕1208号文《预防多雷地区变电站断路器等设备雷害事故技术措施》要求：对于多雷地区敞开式变电站应在110~220 kV出线间隔入口处装设金属氧化物避雷器。

江苏电力公司《220 kV及以下变电站出线及变压器过电压保护配置实施细则》要求：所有出线间隔避雷器都应选择无间隙金属氧化物避雷器，变电站线路侧避雷器应安装在站内，现有避雷器宜安装在站内支架或者出线构架上，若无条件可由安装在出线终端塔。

以上反措要求"线路终端必须安装避雷器"的目的是保护重合闸前和热备用期间出现的断路器断口免受雷电侵入波击穿，但实际操作过程中，不少运行单位采取了在终端塔上装设带串联间隙的线路型避雷器,"线路终端必须安装避雷器"虽然已强制执行多年,但全国范围内至今未发现线路型线路终端避雷器对断路器断口起到保护作用,从而给各电压等级电网安全留下严重安全隐患。

究其原因,一是反措未明确线路侧避雷器的选型要求做出规定,基层单位对各电压等级原有线路终端加装避雷器时因原有变电站场地限制等原因,相当部分采用了线路型避雷器并安装在终端杆塔上;二是对该"反措"的目的不清楚;三是不知道雷电波遇到断口会发生全反射而导致过电压大幅增加;四是不知道线路型避雷器所带串联间隙具有较高的冲击放电电压,不能对变电站内设备进行有效保护;五是错误地从字面理解,认为线路终端避雷器自然是线路型的;六是不管避雷器选型,认为只要安装了相应电压等级的避雷器就满足了反措的要求。

根据DL/T 815—2012《交流输电线路用复合外套金属氧化物避雷器》,终端塔悬挂的带串联间隙避雷器为适用于输电线路防雷的带串联间隙金属氧化物避雷器;此标准第1章明确指出,该避雷器只用于限制线路雷电过电压,以保护线路绝缘子免受雷电引起绝缘闪络。

DL/T 804—2014《交流电力系统金属氧化物避雷器使用导则》5.2条明确指出:对于本标准涉及的用于限制110(66)~220 kV敞开式变电站多重雷过电压用的有串联间隙避雷器,特别需要注意区分的是,该避雷器的结构形式虽然与线路防雷用有间隙避雷器相似,但避雷器的本体参数和间隙放电电压的取值是不同的。前者用于保护变电站设备,需要与变电站设备的绝缘水平相配合,避雷器的放电电压选取与避雷器本体残压相近值,间隙距离相对较小,且避雷器本体参数与站用无间隙避雷器相同;而后者用于线路防雷保护,防止线路雷击跳闸,其放电电压与线路的雷电冲击绝缘水平相配合,间隙距离相对较大。此外,该导则进一步在7.15条明确了敞开式变电站有间隙避雷器放电特性的要求值,如表4-1所示。

表4-1　110~220 kV敞开式变电站有间隙避雷器放电特性的要求值　　　　　kV

系统电压	正极性雷电冲击50%放电电压(峰值)	工频耐受电压(有效值)
110(66)	≤250	≥80
220	≤500	≥160

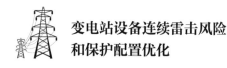

安徽省电力公司2010年发布的《关于〈预防多雷地区变电站断路器等设备雷害事故技术措施〉实施补充要求》明确：变电站内不具备安装条件的，可以将避雷器装设在进线终端塔上；选用带串联间隙的金属氧化物避雷器时，避雷器本体的性能参数应与变电站母线MOA相同（不能直接选用线路用避雷器），110、220 kV带间隙金属氧化物避雷器的雷电冲击50%放电电压应分别不大于250 kV和500 kV。

以220 kV线路避雷器为例，忽略线路衰耗，可靠系数取0.8（考虑放电分散性和绝缘配合等因素），断路器断口冲击耐压取1050 kV，则对应的线路终端避雷器冲击放电电压和残压必须小于（1050 kV/2）× 0.8=420 kV。线路型避雷器因冲击放电电压达900 kV，远远不能满足要求，因此线路终端避雷器不能选择线路型。

如果线路终端避雷器选用线路型，对变电站内断路器断口基本没有保护作用，南方电网公司反措"线路终端必须加装避雷器"相当于没有得到真实执行，既造成资源浪费，又存在事故隐患。

4.2 连续雷击工况下线路侧避雷器保护距离的校核

4.2.1 线路侧避雷器保护距离的影响

现行的线路侧避雷器作为变电站雷电侵入波防护措施，在实践中遇到两个问题，一是变电站安装位置的影响，二是连续雷击问题。

对于运行变电站而言，尤其是老旧变电站，变电站出线间隔靠围墙处并没有预留安装线路侧避雷器的位置，较多情形，改为安装在距离被保护的线路侧断路器数十米的终端塔上，不仅带来了运行维护的诸多问题（如无法进行预防性试验的直流泄漏试验和带电测试），而且，具有行波特征的雷电侵入波，使得线路侧避雷器安装位置影响到避雷器对线路侧断路器断口的保护水平，极大地影响了避雷器保护性能的发挥。

以220 kV变电站4的220 kV线路4线路侧断路器B相故障为例（详细计算见3.2节），220 kV线路侧无间隙金属氧化物避雷器型号YH10WX-216/562，10 kA标称放电电流下的残压为562 kV。由于场地原因，避雷器安装在变电站外的220 kV线路4终端塔上，到线路侧断路器的距离较远（77 m）。

雷电侵入波可看成行波，取雷电波为一斜角波 $u(t)=at$，其中 a 为陡度，在避雷器达到残压时刻 t_f，相当于在避雷器处产生一个负电压波 $-at(t-t_f)$，其后电压值保持在残压 $U_b=562\ \text{kV}$，如图 4-1（a）所示。

由于断路器断口的等值入口电容不大，其影响可忽略，断口可以认为是开路，故得到等效接线如图 4-1（b）所示，其中雷击点 A 距离避雷器 B 处为 l_1，断口 D 处距离避雷器 B 处为 l_2。由于雷电波在断路器断口 D 处全反射，断口处电压将高于避雷器端部电压 U_b。

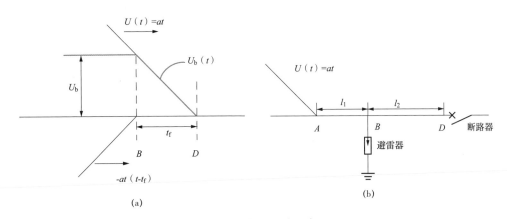

图 4-1　雷电侵入波示意图

（a）雷电侵入波；（b）等效接线图

根据波过程的行波理论，分别以各点出现电压的时刻为各自的时间零点，应用网格法进行分析，得出断口靠线路侧电压为

$$U_D = U_b + 2al_2/v \qquad (4-1)$$

式中：v 为光速。

可见，由于避雷器安装位置与断路器断口间存在距离，使得断口电压最大值必然高于避雷器端部的端部电压（残压），其差值为

$$\Delta U = 2a\, l_2/v \qquad (4-2)$$

以上分析是从最简单、最严重的情况出发的，实际上，由于变电站接线比较复杂，出线可能不止一路，设备本身又存在对地电容，这些都将对变电站的波过程产生影响，一般可将上式修改为

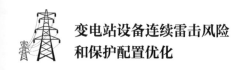

$$\Delta U = 2a\,(l_2/v)\,k \qquad\qquad (4\text{-}3)$$

式中：k 为考虑设备电容而引入的修正系数。

可见，当雷电侵入波陡度一定时，避雷器与断路器断口之间的电气距离越大，断口上电压与避雷器残压的差值也就越大。

因此，要使避雷器起到良好的保护作用，它与断路器之间的电气距离就不能超过一定的值，即存在一个最大电气距离 l_{max}，超过 l_{max} 后，断路器断口上所承受的最大冲击电压 $[U_b + 2a\,(l_2/v)\,k]$ 将超过断口冲击耐受电压水平 U_j，导致断口击穿重燃，线路侧避雷器对断路器断口的保护失效。

如果绕击雷电流水平更高，或者雷电波陡度更大，或者线路终端塔距离线路侧断路器距离更大，则断口击穿重燃的概率更高。

从绝缘配合的校核角度，应使断路器到避雷器的电气距离都在保护范围内，满足

$$U_b + 2a\,(l_2/v)\,k \leqslant U_j \qquad\qquad (4\text{-}4)$$

式中：U_j 为断路器断口的雷电冲击耐受电压，kV。

对于一定陡度 a 的雷电侵入波，最大允许电气距离 l_{max} 为

$$l_{max} = (U_j - U_b)\,/\,[2\,(a/v)\,k] \qquad\qquad (4\text{-}5)$$

受侵入波波形、冲击电晕、避雷器非线性电阻的影响，位于避雷器后线路终端的断口上的电压具有余弦性质的振荡衰减波，其振荡轴为 U_b，这是由于避雷器动作后产生的负电压波在图4-1（b）的避雷器 B 点与断路器断口 D 点之间多次反射引起的。

实际设备上的过电压与上述分析有很大的差别，但上述定性分析还是具有较好的参考价值。

在连续雷击的严苛工况下，对于线路侧断路器的断口灭弧室的弧后 SF_6 气体介质在后续回击的短时间间隔内仍处于热状态，绝缘还没有恢复到正常状态下的绝缘强度，在后续回击的侵入波经断口全反射后形成过电压下，击穿重燃的风险更高，需要确保断路器断口处的过电压水平足够低且相对断口的弧后 SF_6 气体介质绝缘恢复强度有一定的裕度，连续雷击工况对避雷器的安装距离提出了更高的要求。

可见，由于线路侧避雷器安装位置距离线路侧断路器断口存在一定的距离，将

降低避雷器对断路器断口的保护裕度，除了原则上要求线路侧避雷器安装在变电站内之外，对变电站内没有安装位置的情形，需要对线路侧断路器与线路侧断路器的安装距离进行规定。

4.2.2　计算模型

目前，连续雷击下线路侧避雷器与线路侧断路器的绝缘配合问题的相关研究报道较少，也无相关标准可参考，为此，采用 PSCAD/EMTDC 软件搭建连续雷击下线路侧避雷器保护距离仿真模型，继续基于 220 kV 变电站 4 的 220 kV 线路 4 线路侧断路器 B 相故障模型（参照图 3-23），对连续雷击下 110 kV 和 220 kV 线路侧断路器断口过电压进行计算校核，提出连续雷击下线路侧断路器安装的电气距离要求。

电源模型考虑线路侧断路器的母线侧存在系统运行电压，且电压相位处于反峰值这一最严重的情况（220 kV 系统和 110 kV 系统电源电压幅值分别取 206 kV 和 103 kV）。

采用 PSCAD/EMTDC 仿真软件中提供的 J-marti 频率相关模型对架空线路进行模拟，杆塔采用多波阻抗模型，绝缘子闪络模型常见有定义法、相交法和先导法，采用先导法。

线路侧无间隙金属氧化物避雷器取南方电网典型设计的型号 Y10W-204/532（220 kV 等级）和 Y10W-108/281（110 kV 等级）。

连续雷击工况下，线路侧断路器断口过电压与雷电流幅值和波形、变电站绝缘配合以及输电线路参数等紧密相关。

采用 PSCAD/EMTDC 仿真得到不同雷电流幅值下避雷器残压及线路侧断路器断口电压值，雷电流幅值显著影响线路侧断路器断口过电压水平，雷电绕击 220 kV 和 110 kV 线路导线时绝缘子的耐雷水平（即绝缘子不发生闪络的最大雷电流）分别为 12~13 kA 和 5~7 kA，考虑最严苛的情形，220 kV 和 110 kV 线路侧避雷器保护距离计算时雷电流幅值分别取 13 kA 和 7 kA。

4.2.3　影响因素

4.2.3.1　雷电波形

考虑线路侧避雷器安装在终端塔上的情形，终端塔杆塔冲击接地电阻取 10 Ω，选择与 220 kV 线路 4 的线路侧断路器安装距离（77 m）。

一般采用 1.2/50 μs、2.6/50 μs 的波形作为雷电流的标准波形，GB/T 50064—

2014《交流电气装置的过电压保护和绝缘配合设计规范》附录 D 1.3 规定,架空线路雷电性能计算时可采用 2.6/50 μs 雷电流波形,避雷器电阻片的雷电流波形则采用 8/20 μs。

考虑到连续雷击过程引起的线路侧避雷器断口击穿重燃因后续回击引起,而后续回击的波头和半峰时间均较首次回击小得多,为真实反映实际情况,考虑 2.3.5 节给出的后续回击波形,如 0.28/26.45 μs、0.34/27.78 μs 与 0.20/27.45 μs。

仿真得到不同雷电波形下线路侧断路器断口电压值如表 4-2 所示,可以看出,断口电压随波头时间减小而增大,波形取 0.20/27.45 μs 时,断口电压达到最大值,220 kV 与 110 kV 线路侧断路器断口电压分别为 1182 kV 与 584 kV,偏严考虑,后续计算均取该波形。

表 4-2　不同雷电流波形下线路侧断路器断口电压　　　　　　　　kV,峰值

波形(μs)	220 kV	110 kV
1.2/50	1122	553
2.6/50	1028	518
8/20	801	412
0.28/26.45	1176	581
0.34/27.78	1171	580
0.20/27.45	1182	584

4.2.3.2　雷击点位置

仿真得到不同雷击点位置下线路侧断路器断口电压值,如表 4-3 所示,可以看出,雷击点距离变电站越近,线路侧断路器断口过电压幅值越高。考虑近区落雷的严苛工况,110 kV 与 220 kV 避雷器保护距离计算时雷击点选择距离变电站 1 km。

表 4-3　不同雷击点位置下线路侧断路器断口电压　　　　　　　　kV,峰值

雷击点与变电站距离(km)	220 kV	110 kV
1	1182	584
2	1152	570
3	1128	560

4.2.3.3 母线分支结构

仿真得到不同母线分支数下线路侧断路器断口电压值，如表4-4所示，可以看出，母线分支数对线路侧断路器断口电压几乎无影响，因此，避雷器保护距离计算时选取单回路出线。

表 4-4 不同母线分支数下线路侧断路器断口电压   kV，峰值

母线分支数	220 kV	110 kV
1	1182	583
2	1182	583
3	1182	582

4.2.3.4 终端塔接地电阻

仿真得到不同终端塔接地电阻下线路侧断路器断口电压值，如表4-5所示，可以看出，终端塔接地电阻值越高，线路侧断路器断口电压水平越高。GB/T 50064—2014《交流电气装置的过电压保护和绝缘配合设计规范》要求变电站进线段杆塔工频接地电阻不宜高于10 Ω，因此，避雷器保护距离计算时终端塔接地电阻选择10 Ω。

需要指出的是，当终端塔与变电站挨得很近时，杆塔接地网与变电站主接地网可能相连，此时，杆塔的工频接地电阻基本等同于变电站接地电阻（典型如0.5 Ω），但在雷电高频过程中，由于地网连接线的电感效应，杆塔接地电阻要高于变电站接地网，考虑严苛情况，仍然设置终端塔接地电阻为10 Ω进行计算。

当终端塔接地电阻取10 Ω时，220 kV与110 kV线路侧断路器断口电压分别为1182 kV与584 kV。

表 4-5 不同终端塔接地电阻下的线路侧断路器断口电压   kV，峰值

终端塔接地电阻（Ω）	220 kV	110 kV
0.5	1143	560
2	1150	564
5	1162	572

续表

终端塔接地电阻（Ω）	220 kV	110 kV
10	1182	584
15	1200	595

⚡ 4.2.4 线路侧避雷器保护距离建议值

基于220 kV线路4线路侧断路器B相故障案例的模型，雷电流幅值取绕击耐雷水平，忽略线路侧断路器断口绝缘恢复特性以及老化等引起绝缘水平的下降，同时考虑系统反向电压，仿真计算得到线路侧避雷器与线路侧断路器不同距离下断口电压峰值如表4-6所示，其中，220 kV和110 kV线路侧断路器断口的额定耐受电压值分别为（1050 kV+206 kV）和（550 kV+103 kV），为严格起见，雷电流波形取0.20/27.45 μs，雷电流幅值取线路导线时绝缘子的耐雷水平（220 kV和110 kV分别为13 kA和7 kA）。

表4-6 线路侧断路器与避雷器不同距离下断口电压计算结果

序号	线路侧断路器与避雷器距离（m）	220 kV		110 kV	
		断口电压峰值（kV）	占断口耐压百分比（%）	断口电压峰值（kV）	占断口耐压百分比（%）
1	20	889	70.78	463	70.90
2	30	984	78.34	506	77.49
3	40	1034	82.32	532	81.47
4	50	1077	85.75	553	84.69
5	60	1099	87.50	569	87.14
6	70	1118	89.01	577	88.36
7	80	1134	90.29	585	89.59

连续雷击工况下，线路侧断路器断口击穿的影响因素为断口过电压幅值和断口绝缘恢复强度，当前者超过后者时，将发生击穿重燃。由于线路侧断路器开断电弧后短时内的绝缘恢复特性无相关标准或研究成果可参考，连续雷击下线路侧断路器断口的绝缘恢复状态无法定量判断，因此目前仅以以往典型故障案例提出连续雷击

严苛工况下线路侧断路器断口过电压耐受水平要求。

按照 220 kV 线路 4 线路侧断路器 B 相故障案例得出的连续雷击过程回击间隔内断口雷电冲击耐受电压降至正常状态水平的 70%~85% 的推断,再考虑一定的安全裕度,根据表 4–6 的计算结果,建议 220 kV 线路侧避雷器安装位置与线路侧断路器的距离应不大于 30 m,按照 110 kV 断路器与 220 kV 断路器断口过电压与额定耐受电压的比值保持一致的原则,线路侧断路器与避雷器距离应不大于 30 m。

变电站出线终端塔一般距离变电站围墙至少 20 m,距离围墙内的线路侧断路器则超过 30 m,因此,220 kV 和 110 kV 线路侧避雷器除了要求选择无间隙金属氧化物避雷器之外,还应该安装在变电站围墙内,对于没有预留安装位置的老旧变电站,应设法安装在出线构架上。

顺便指出,220 kV 线路 4 线路侧断路器安装距离 77 m 下的断口过电压较表 4–6 的 70 m 和 80 m 都低,原因是前者按照实际雷电定位的电流幅值(–9.3 kA)和回击电流波形(0.34/27.78 μs),而后者取严苛情形,电流幅值取绝缘子击穿临界耐雷水平和更陡的回击波形(0.20/27.45 μs)。

4.3 低残压避雷器

4.3.1 避雷器伏安特性分段思想

从 3.2 节的 220 kV 变电站 4 的 220 kV 线路 4 线路侧断路器 B 相故障仿真计算结果推断,连续雷击过程回击间的较短时间间隔内,断口间的雷电冲击耐受电压降至正常状态下的雷电冲击耐受电压水平的 70%~85%,低残压避雷器的残压降低 20%~30% 能够与回击的短时间间隔内断口下降的雷电冲击耐受强度进行绝缘配合,达到提高线路侧断路器在连续雷击严苛工况下安全运行水平的目的。

为了提高线路侧断路器断口在连续雷击恶劣工况下的运行安全水平,除了控制线路避雷器与线路侧断路器的电气距离在规定值范围内和提高断路器断口绝缘强度外,降低线路侧避雷器在雷电侵入波下的残压,来适应回击间的短时间间隔内断口

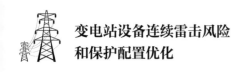

间的雷电冲击耐受强度的下降，优化连续雷击工况下线路侧避雷器的雷电冲击绝缘配合，成为提高线路侧避雷器对断路器断口的保护水平主要途径，同时，也可以用于变电站内的变压器绕组等薄弱设备的雷电侵入波保护，以降低绕组端部电压和匝间电位差。

以 220 kV 变电站 4 的 220 kV 线路 4 线路侧断路器 B 相故障为例，南方电网典型设计的线路侧避雷器在标称放电电流（10 kA）下的残压为 281 kV，对断路器断口绝缘（480 kV）的雷电冲击保护水平约为 1.70，该保护水平对于单次雷电冲击来说是足够的；随着连续雷击工况下断路器的断口绝缘介质对于后续回击形成的雷电侵入波的耐受能力显著下降，目前典型绝缘配合的避雷器残压的保护裕度则可能不满足要求，增大了线路侧断路器断口绝缘在后续回击过程中重击穿的风险。

从这个角度，低残压避雷器成为连续雷击严苛工况和提高弱绝缘设备雷电保护水平的主要解决方案之一。

对于一定制造水平的避雷器电阻片来说，其压比（标称放电电流下的残压与参考电压之比）是一定的，对于过电压保护性能，希望残压较低；对于避雷器安全运行，则希望避雷器的参考电压（或额定电压）足够高，两者难以兼顾，即对于目前单体式避雷器结构型式，在确保避雷器安全运行的前提下，降低残压的空间有限。

多柱并联型式多用于解决避雷器吸收能量不足的问题，仿真计算表明，多柱并联或多只避雷器并联的方式，降低残压的空间只有 10% 左右，且 3 柱（3 只）以上并联的效果呈现饱和趋势，实验室原理性试验也验证了这一结论。

综上所述，单体和多只（柱）并联避雷器降低残压的空间有限。

针对以上矛盾，提出引入小间隙实现避雷器伏安特性分段动态可调的思路，通过调整小间隙距离，在确保避雷器在最高运行电压下间隙不击穿前提下，在高风险雷电侵入波过电压下间隙可靠动作并获得较低的残压，达到避雷器保护水平动态可调的目的，如图 4-2 所示。

实现上述思路的技术路线为，避雷器本体由两段额定电压不等的避雷器串联组成，其中额定电压较低的避雷器并联短半球形间隙，如图 4-3 所示。

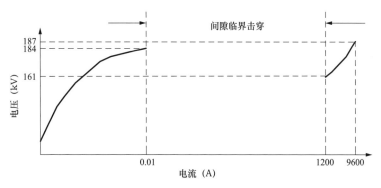

图 4-2　避雷器伏安特性分段化

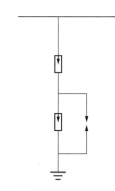

图 4-3　低残压避雷器技术路线

⚡ 4.3.2　基本原则

（1）在小电流段，避雷器的额定电压和参考电压水平与相同电压等级的现行避雷器相同，确保系统电压和内过电压下安全运行，并能够正常限制内过电压。

（2）在大电流段，通过减少电阻片数量来获得较低的残压，避雷器伏安特性呈现分段化，提高避雷器的雷电冲击保护水平。

（3）短间隙距离应确保在运行电压下间隙不动作，在高风险雷电侵入波电压下间隙可靠动作。以 110 kV 为例，考虑严苛工况，高风险雷电侵入波按照变电站 110 kV 设备最低雷电冲击耐受水平（450 kV）的 70% 的水平选取，即幅值 320 kV 的 1.2/50 μs 冲击电压波。

⚡ 4.3.3　原理性试验

4.3.3.1　试品

选择 110 kV 电压等级避雷器进行原理性验证试验，所有试品均为电阻片相同的复合绝缘外套避雷器，其结论适用于220 kV电压等级。

根据降低残压的幅度不同，考虑a、b两个组合：

（1）组合a：66 kV避雷器（型号YH10W-90/235）与10 kV避雷器（型号YH5W-17/45）串联，在10 kV避雷器两端并联间隙。

（2）组合b：110 kV中性点避雷器（型号YH5W-72/186）与两个10 kV避雷器（型号YH5W-17/45，相当于20 kV避雷器）串联，在两个10 kV避雷器两端并联间隙。

考虑陡度较高的较为苛刻情形，由2000 kV冲击电压发生器产生1.2/50 μs、幅值318 kV的高风险雷电冲击波（见图4-4），所有试验均在该波形和幅值的相同条件下进行。

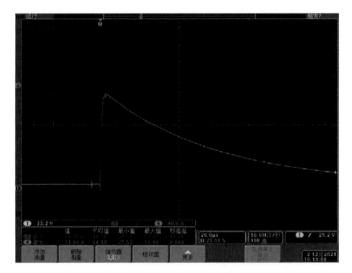

图4-4　雷电冲击电压试验波形

注：横轴：20 μs/大格，1大格有5小格；纵轴：33.2 V/大格，1大格有5小格，倍率2250。

4.3.3.2　试验结果

（1）组合a工频试验。组合a为66 kV避雷器（型号YH10W-90/235）与10 kV避雷器（型号YH5W-17/45）串联，在10 kV避雷器两端并联可调间隙。

调整半球形短并联间隙为7.8 mm，组合体端部施加89 kV工频电压，间隙击穿，间隙击穿后降低到76 kV电压下电弧熄灭，因此，选择7.8 mm的间隙距离，可以满足组合a的端部承受最高运行电压下间隙不击穿，且间隙在雷电过电压下击穿后，在最高工频电压下遮断工频续流的要求。

（2）组合a冲击试验（不带间隙）。

1）在1.2/50 μs、幅值320 kV的冲击电压波形下，YH10W–108/281型110 kV无间隙避雷器的残压为228.4 kV，冲击电流幅值101.6 A。

2）66 kV避雷器与10 kV避雷器串联（无间隙），相同冲击电压下的残压为227.4 kV，冲击电流幅值为121.8 A，与110 kV避雷器相当，原因是串联避雷器的额定电压之和为107 kV，且电阻片相同，端部电压波形如图4–5所示。

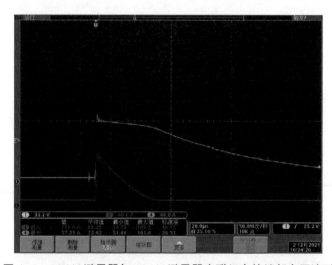

图 4–5　66 kV 避雷器与 10 kV 避雷器串联组合的端部电压波形

注：1. 横轴：20 μs/ 大格，1 大格有 5 小格。纵轴：黄线，33.2 V/ 大格，1 大格有 5 小格，倍率2250；紫线，
最大值 121.6 A，40 A/ 大格，1 大格有 5 小格。

2. 黄线：避雷器端部电压波形；紫线：避雷器电流波形。

3）66 kV避雷器与10 kV避雷器串联（无间隙），再与110 kV避雷器并联，残压为221.3 kV，串联避雷器幅值为74 A，其中110 kV避雷器电流幅值为60.7 A。可见，两个避雷器并联，较110 kV无间隙避雷器残压降低3.1%，端部电压波形如图4–6所示。

综上所述，多只（多柱）避雷器并联可减轻每只（柱）避雷器的负担（降低流过的电流），但对降低整体残压作用不大，多只（多柱）避雷器并联的方法不能作为降低残压的技术路线。

（3）组合a冲击试验（带间隙）。

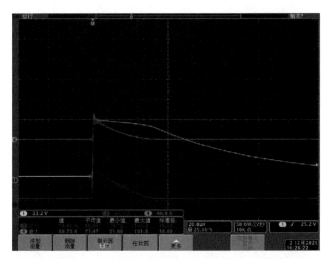

图 4-6　66 kV 避雷器串 10 kV 避雷器再并联 110 kV 避雷器组合的端部电压波形

注：1. 横轴：20 μs/ 大格，1 大格有 5 小格。纵轴：黄线，33.2 V/ 大格，1 大格有 5 小格，倍率 2250；紫线，
　　　40 A/ 大格，1 大格有 5 小格，最大值 74.08 A；绿线，40 A/ 大格，1 大格有 5 小格，最大值 60.73 A。

　　2. 黄线：避雷器端部电压波形；紫线：66 kV 避雷器串联 10 kV 避雷器电流波形；绿线：110 kV 避雷器电流波形。

　　1）10 kV 避雷器并联 7.8 mm 间隙，间隙击穿，短接 10 kV 避雷器，串联避雷器
组冲击电流幅值为 149.3 A，冲击残压幅值为 199.7 kV，较两只避雷器串联结构低
12.2%，较 110 kV 无间隙避雷器低 12.6%，端部电压波形如图 4-7 所示。

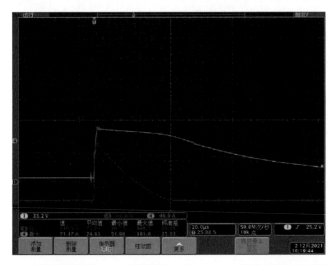

图 4-7　66 kV 避雷器串联 10 kV 避雷器（并 7.8 mm 间隙击穿）的端部电压波形

注：1. 横轴：20 μs/ 大格，1 大格有 5 小格。纵轴：黄线，33.2 V/ 大格，1 大格有 5 小格，倍率 2250；紫线，
　　　40 A/ 大格，1 大格有 5 小格，最大值 149.3 A。

　　2. 黄线：避雷器端部电压波形；紫线：避雷器电流波形。

2）10 kV 避雷器并联 10 mm 间隙，间隙击穿，串联避雷器组残压为 215.7 kV，电流幅值为 207 A，端部电压波形如图 4-8 所示。

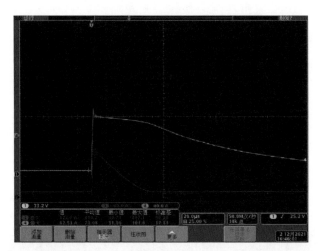

图 4-8　66 kV 避雷器串联 10 kV 避雷器（并 10 mm 间隙击穿）的端部电压波形

注：1. 横轴：20 μs/ 大格，1 大格有 5 小格。纵轴：黄线，33.2 V/ 大格，1 大格有 5 小格，倍率 2250；紫线，

40 A/ 大格，1 大格有 5 小格，最大值 122.7 A。

2. 黄线：避雷器端部电压波形；紫线：避雷器电流波形。

3）10 kV 避雷器并联 12 mm 间隙，间隙未击穿，串联避雷器组残压 227.2 kV，电流幅值为 120.4 A，端部电压波形如图 4-9 所示。

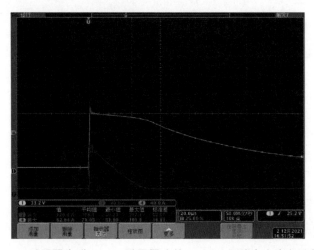

图 4-9　66 kV 避雷器串联 10 kV 避雷器（并 12 mm 间隙未击穿）端部电压波形

注：1. 横轴：20 μs/ 大格，1 大格有 5 小格。纵轴：黄线，33.2 V/ 大格，1 大格有 5 小格，倍率 2250；紫线，

40 A/ 大格，1 大格有 5 小格，最大值 120.4 A。

2. 黄线：避雷器端部电压波形；紫线：避雷器电流波形。

（4）组合 b 冲击试验（不带间隙）。组合 b 为 110 kV 中性点避雷器（型号 YH1.5W-72/186）与两个 10 kV 避雷器（型号 YH5W-17/45，相当于一个 20 kV 避雷器）串联，在两个 10 kV 避雷器两端并联可调间隙。

1）在 1.2/50 μs、幅值 320 kV 的冲击电压波形下，YH10W-108/281 型 110 kV 无间隙避雷器的残压为 228.4 kV，冲击电流幅值 101.6 A。

2）110 kV 中性点避雷器与两个 10 kV 避雷器（无间隙）串联，相同冲击电压下的残压为 233.6 kV，电流为 119.7 A，与 110 kV 避雷器相当，原因是串联避雷器的额定电压之和为 106 kV，且电阻片相同，端部电压波形如图 4-10 所示。

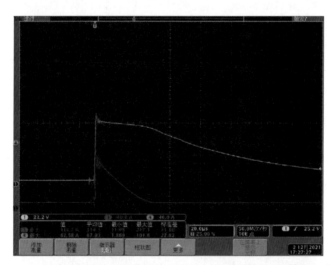

图 4-10　110 kV 中性点避雷器与两个 10 kV 避雷器串联组合的端部电压波形

注：1. 横轴：20 μs/大格，1 大格有 5 小格。纵轴：黄线，33.2 V/大格，1 大格有 5 小格，倍率 2250；紫线，40 A/大格，1 大格有 5 小格，最大值 119.7 A。

　　2. 黄线：避雷器端部电压波形；紫线：避雷器电流波形。

（5）组合 b 冲击试验（带间隙）。

1）考虑 2 只 10 kV 避雷器串联后，端部电压约为组合 a 的单只 10 kV 避雷器的 2 倍，并联短间隙的参考距离调整到 20 mm。

2）对于并联 10 mm 间隙，间隙击穿，串联避雷器组冲击电流幅值为 212.7 A，残压为 176.6 kV，该结构残压较 110 kV 无间隙避雷器低 22.7%，端部电压波形如图 4-11 所示。

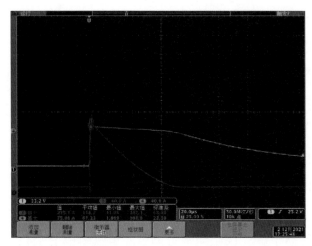

图 4-11　110 kV 中性点避雷器与两个 10 kV 避雷器串联组合的端部电压波形

注：1. 横轴：20 μs/ 大格，1 大格有 5 小格。纵轴：黄线，33.2 V/ 大格，1 大格有 5 小格，倍率 2250；紫线，
　　　40 A/ 大格，1 大格有 5 小格，最大值 215.1 A。
　　2. 黄线：避雷器端部电压波形；紫线：避雷器电流波形。

4.3.3.3　分析和评价

（1）通过两个不等额定电压的避雷器串联组合，通过调整与较低额定电压避雷器并联的间隙距离，可以在确保避雷器组合承受最高运行电压下间隙不击穿的前提下，在幅值超过 320 kV 的高风险雷电侵入波过电压下获得较低的残压。

（2）试验过程的避雷器端部电压波形图显示，在间隙击穿后获得较低残压的同时，没有明显的截波特征，线圈类设备匝间绝缘的风险较低，其应用场合不仅限于线路侧避雷器作为线路侧断路器断口在连续雷击侵入波保护，还可作为变压器绕组的变高或变中避雷器。

（3）理论上，只要短接一定比例的串联避雷器，通过调整间隙距离，就可以获得足够低的残压，但过分降低残压，可能给避雷器组合在正常运行工况下带来运行风险，尤其是间隙在雷电过程中击穿而工频续流遮断前的短暂时间里风险更高，因此，需要校核非并联避雷器的荷电率，以确定残压降低幅度。

荷电率为避雷器承受运行电压与额定电压的比值，一般制造水平电阻片的荷电率可达到 80%，较好者可允许 90% 荷电率下运行；荷电率越高，避雷器正常运行下将流过较高的泄漏电流，将增加避雷器的老化（劣化）风险。

在 110 kV 正常运行电压（63 kV）下，典型的 YH10W-108/281 型 110 kV 无间隙

避雷器的荷电率约为58%，最高运行电压（73 kV）下荷电率可达到67%。

如需残压降低30%，相应地需通过并联间隙短接30%的本体，考虑间隙击穿后工频电流遮断前的严苛工况，偏严不考虑间隙弧道压降，则运行电压下非短接部分的避雷器荷电率将达到83%，最高运行电压下更达到96%，运行风险较高，因此，除非避雷器电阻片性能特别优异（如压比更小），降低残压以30%为上限值。

综合考虑避雷器安全性和保护性能提升，低残压避雷器标称放电电流下的残压应以降低20%~30%为宜。

从应用角度分析，低残压避雷器主要用于来适应回击间的短时间间隔内断口的雷电冲击耐受强度的下降，优化连续雷击工况下线路侧避雷器的雷电冲击绝缘配合，从3.2节对连续雷击下典型220 kV线路侧断路器故障仿真计算结果推断，连续雷击过程中，回击间的短时间间隔内，断口间的雷电冲击耐受电压降至正常状态下的雷电冲击耐受电压水平的70%~85%，因此，低残压避雷器的残压降低20%~30%能够满足回击间的短时间间隔内线路侧断路器断口间的雷电冲击耐受强度的下降对绝缘配合的要求。

⚡ 4.3.4　技术指标

110 kV低残压避雷器整体结构和外观如图4-12所示，上节（长元件）和下节（短元件）各有26片和10片 $\phi\,83 \times 22.5$ mm的低压比（低至1.5）、通流容量较高的高性能电阻片，采用不锈钢R17.5球间隙，间隙长度25 mm。主要技术指标：

（1）标称放电电流下雷电冲击残压范围：$168.6\,\text{kV} \leqslant U_{\text{res}} \leqslant 210.75\,\text{kV}$。

（2）避雷器荷电率：$\leqslant 90\%$。

（3）避雷器0.75倍直流参考电压下漏电流：$\leqslant 30\,\mu\text{A}$。

（4）持续电流：全电流，$\leqslant 1.3$ mA；阻性电流，$\leqslant 0.45$ mA。

（5）避雷器局部放电：$\leqslant 10$ pC。

（6）避雷器抗弯强度：$\geqslant 1500$ N。

110 kV低残压避雷器的电阻片、上节和整只（不带间隙）等元件的伏安特性试验结果如表4-7所示。

（1）单片电阻片的直流1 mA参考电压4.84 kV，整体直流1 mA参考电压177 kV，其中，上节直流1 mA参考电压为127.8 kV，下节为49.2 kV（占比27.8%）。

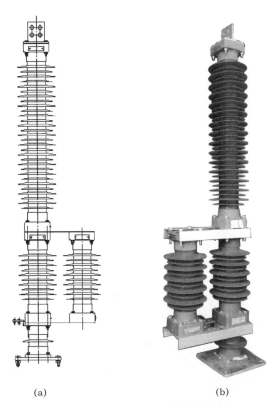

图 4-12　110 kV 低残压避雷器

（a）整体结构；（b）外观

（2）单片电阻片的标称放电电流（10 kA，8/20 μs）下的残压为 7.23 kV，整体残压为 261.1 kV，其中，上节残压为 187.9 kV（占比 72.0%）。

表 4-7　110 kV 低残压避雷器（元件）的伏安特性试验结果

电流（A）		10^{-5}	3×10^{-5}	5×10^{-5}	10^{-4}	5×10^{-4}	10^{-3}	0.005
电压 （kV）	电阻片	3.07	3.83	4.06	4.34	4.81	4.92	5.05
	上节	79.7	99.4	105.5	112.9	125.0	127.8	131.3
	整体（无间隙）	110.4	137.7	146.1	156.3	173.1	177.0	181.8
电流（A）		0.01	125	500	2000	5000	10^4	2×10^4
电压 （kV）	电阻片	5.10	5.53	5.78	6.32	6.68	7.23	7.77
	上节	132.6	143.6	150.1	164.2	173.5	187.9	201.9
	整体（无间隙）	183.6	200.4	210.5	229.6	242.6	261.1	280.5

对 110 kV 低残压避雷器成品的实验室测量伏安特性如表 4-8 和图 4-13 所示，可以看出：

表 4-8　110 kV 低残压避雷器整体（带间隙）的伏安特性试验结果

电流（A）	10^{-5}		3×10^{-5}	5×10^{-5}	10^{-4}	5×10^{-4}	10^{-3}	0.005	0.01
电压（kV）	110.4		137.7	146.1	156.3	173.1	177	181.8	183.6
电流（A）	间隙处于临界击穿状态		1200	1900	2700	4600	5500	9600	10900
电压（kV）			161	165	169	175	177	187	189

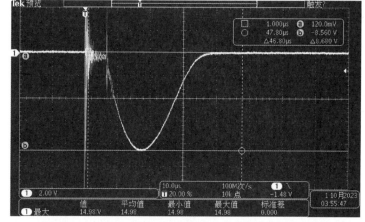

(a)

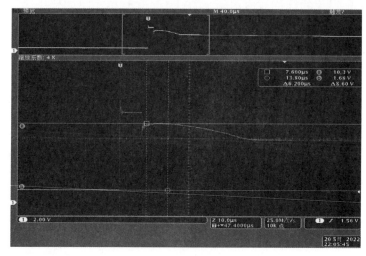

(b)

图 4-13　110 kV 低残压避雷器电压、电流波形图

（a）冲击电流波形图；（b）电压波形图

（1）由于间隙击穿电压的分散性，整体伏安特性分成小电流段和大电流段，两个电流段并不连续，间隙击穿临界点可能对应两个电流，间隙不击穿时避雷器电流为 1 A 以下量级，间隙击穿时避雷器电流跃升到千安量级。

（2）在小电流段，间隙不击穿，整体伏安特性等于上、下节伏安特性之和。

（3）调整间隙距离为 25 mm 左右，使得避雷器端部雷电冲击电压幅值超过 300 kV（约为一次设备雷电冲击耐受强度最小值 450 kV 的 2/3 水平，认为是较高风险过电压）时，间隙击穿，此后，整体的残压由上节决定，整体标称放电电流（10 kA）残压为 188 kV，降低 28% 左右，与上节残压基本符合，图 4–13 为典型的电压、电流示波图。

⚡ 4.3.5 低残压避雷器对雷电侵入波保护效果计算校核

为计算校核对 220 kV 线路侧断路器的保护效果，提出 220 kV 低残压避雷器的设计方案：按照 110 kV 低残压避雷器等比例设置伏安特性参数，按照雷电侵入波在避雷器端部的冲击电压峰值约 600 kV 下间隙可靠击穿来设置间隙距离，计算用伏安特性曲线（主要是大电流段）如表 4–9 所示。

表 4–9 计算用 220 kV 低残压避雷器（带间隙）的伏安特性

电流（A）	10^{-5}	3×10^{-5}	5×10^{-5}	10^{-4}	5×10^{-4}	10^{-3}	0.005	0.01
电压（kV）	220.8	275.4	292.2	312.6	346.2	354	363.6	367.2
电流（A）	间隙处于临界击穿	1200	1900	2700	4600	5500	9600	10900
电压（kV）		322	330	338	350	354	374	378

仍基于 3.2 节 220 kV 变电站 4 的 220 kV 线路 4 线路侧断路器 B 相连续雷击故障案例的侵入波过电压计算模型与雷电流参数（幅值 –9.3 kA，波形 0.34/26.2 μs），设置伏安特性为表 4–9 的 220 kV 低残压避雷器与线路侧断路器距离仍为 77 m，计算得到的故障断路器断口过电压为 906 kV，较原过电压水平（幅值 1096 kV）下降幅度为 17.3%，约为断路器断口间正常状态下的雷电冲击耐受电压水平（1050 kV+206 kV）的 72.1%。

比较常规线路侧避雷器和低残压避雷器对 220 kV 线路 4 线路侧断路器断口过电压限制效果可以看出，低残压避雷器可使断路器断口间过电压从正常状态下的雷电冲击耐受电压水平的 87.2% 降到 72.1%，基本上可达到 3.2.2 节对绝缘配合的要求

"回击间的短时间间隔内线路侧断路器断口间的雷电冲击耐受强度降至正常状态下的70%~85%"的下限值，连续雷击严苛工况下线路侧断路器断口击穿重燃的风险大大降低，运行安全性得到有效提高。

在4.2节"连续雷击工况下线路侧避雷器保护距离的校核"中，将常规避雷器（220 kV等级：Y10W-204/532；110 kV等级：Y10W-108/281）替换成表4-8和表4-9的低残压避雷器，忽略线路侧断路器断口绝缘恢复特性以及老化等引起绝缘水平的下降，考虑最严苛的工况，雷电流波形取0.20/27.45 μs，雷电流幅值取线路导线时绝缘子的耐雷水平（220 kV和110 kV分别为13 kA和7 kA），同时考虑系统反向电压，仿真计算得到无间隙金属氧化物避雷器与线路侧断路器不同距离下断口两端电压峰值比较如表4-10所示（表中，断口电压峰值为"常规避雷器/低残压避雷器"的计算结果比较），其中，220 kV和110 kV线路侧断路器断口的额定耐受电压值分别为（1050 kV+206 kV）和（550 kV+103 kV）。当终端塔与变电站地网相连时，接地电阻为0.5 Ω，但考虑严苛情况，仍然设置终端塔接地电阻为10 Ω进行计算。

从表4-10计算结果看出：

表4-10　线路侧断路器与低残压避雷器不同距离下断口电压计算结果

序号	线路侧断路器与避雷器距离（m）	220 kV			110 kV		
		断口电压峰值（kV）	降低幅度（%）	占断口耐压百分比（%）	断口电压峰值（kV）	降低幅度（%）	占断口耐压百分比（%）
1	20	889/694	21.9	70.78/55.25	463/322	30.4	70.90/49.31
2	30	984/785	20.2	78.34/64.49	506/368	27.3	77.49/56.35
3	40	1034/858	17.0	82.32/68.31	532/415	22.0	81.47/63.55
4	50	1077/889	17.4	85.75/70.78	553/439	20.6	84.69/67.22
5	60	1099/909	17.3	87.50/72.37	569/449	21.1	87.14/68.76
6	70	1118/926	17.2	89.01/73.72	577/457	20.8	88.36/69.98
7	80	1134/940	17.1	90.29/74.84	585/463	20.8	89.59/70.90

（1）相同安装距离，110 kV低残压避雷器引起线路侧断路器断口电压峰值降低幅度（20.8%~30.4%）高于220 kV低残压避雷器（17.1%~21.9%），效果更优。

（2）随着低残压避雷器安装距离增大，线路侧断路器断口电压峰值降低幅度下降，效果变差，安装在围墙内仍是效果最好的选择。

对于低残压避雷器的安装距离而言，虽然在围墙外（与断口距离 30 m 以上）每个安装距离下断口过电压均较常规避雷器下降 17%~22%，但为尽量发挥过电压抑制效果，仍建议线路侧断路器与低残压避雷器距离应不大于 30 m。

4.4 提高连续雷击下线路侧避雷器的安全运行水平的措施

⚡ 4.4.1 提高 500 kV 避雷器的短时间能量吸收能力

与大多数电力设备绝缘被破坏的故障机理不同，避雷器故障原因是电阻片吸收能量较多，发热超过散热能力，温度持续升高，电阻片劣化，恶性循环导致最终热崩溃。500 kV 线路侧避雷器在连续雷击恶劣工况下损坏的故障不仅发生在南方多雷地区，国内其他地区电网也有类似事件的报道。

通过连续雷击引发线路侧避雷器热崩溃典型故障案例分析（详见 3.3 节）和对 500 kV 线路侧避雷器典型故障案例的能量吸收计算（详见 3.4 节），得出以下结论：

（1）线路侧避雷器在连续雷击过程中吸收的总能量远远没有达到其通流容量水平，连续雷击侵入波的能量不足以造成避雷器热崩溃，避雷器在短时过电压过程（典型如连续雷击过程）中吸收过多能量而直接导致热崩溃的概率较低。

（2）避雷器在连续雷击恶劣工况下损坏故障的主要原因是避雷器在连续雷击过程的短时间内吸收较多能量而引发快速劣化，在后续的运行电压下出现发热→劣化→电流增大→温度再升高→进一步劣化的恶性循环，而最终导致避雷器热崩溃。

（3）故障发生前的连续雷击过程短时间（1 s）内 500 kV 线路侧避雷器累计吸收的总能量普遍超过其通流容量（500 kV 避雷器取 6.2 MJ，详见 4.4.2 节）的 25%。

（4）对于回击次数较多，或者有效回击电流较高（接近但没达到线路绝缘子雷电放电电压）的严苛情形，短时间内吸收能量可达到 50%，避雷器加速劣化的风险很高。

（5）为严格起见，考虑安全裕度和避雷器运行后的老化因素，可认为避雷器在连续雷击条件下快速劣化的能量吸收阈值为其通流容量的 25%。

提高连续雷击下线路侧避雷器的安全运行水平的措施，可以考虑：

（1）选用通流容量较高的电阻片，提高避雷器能量吸收能力。增加电阻片数量受限于避雷器的额定电压和残压要求，而对于选用通流容量较高的电阻片的方法，在目前电阻片配方、工艺和制造水平条件下，大幅提高通流容量的空间不大。

（2）分布式多只避雷器。通过分布式多只避雷器的方式，对连续雷击侵入波能量的分散吸收，减轻每只避雷器的负担，提高能量吸收能力。

⚡ 4.4.2　现行标准关于避雷器能量吸收能力校核的要求

为便于比较，避雷器连续雷击下劣化的吸收能量阈值以通流容量的占比来表征，因此，首先了解避雷器能量吸收能力校核的要求。

能量耐受能力作为衡量避雷器雷电冲击耐受性能的一项重要指标，考核办法有基于 4/10 μs 大电流冲击、2 ms 方波耐受的重复转移电荷试验和动作负载试验以及等效动作负载指标，然而，这些评价方法都是基于单回击冲击电流试验进行的，而性能满足要求的 500 kV 线路侧避雷器却在连续雷击过程中发生多起故障，主要原因是自然雷电是包含多次回击的连续雷击过程，回击的间隔较短（只有数十到数百毫秒），多次回击带来短时能量吸收累积效应，避雷器的能量耐受将受到更加严格的考验，这就使得基于单次雷击能量吸收能力校核设计的产品在运行中存在安全隐患，因此，合理评估并校核避雷器在连续雷击恶劣工况下能量吸收能力，对于优化线路侧避雷器配置，保障避雷器安全运行具有重要价值。

GB/T 11032—2020《交流无间隙金属氧化物避雷器》提出关于避雷器耐受能量的要求，主要通过重复转移电荷试验和动作负载试验来体现，但两者没有考虑到短时间内连续雷击的严苛工况。

1.重复转移电荷试验

该试验在电阻片上进行，以验证避雷器实际运行中转移电荷能力，一次转移电荷试验可代表实际运行中的 1 次冲击事件。

对于站用避雷器，选用 2~4 ms 方波（或 2~4 ms 的正弦半波），每只试品耐受 20 次冲击，分为 10 组，每组 2 次，2 次冲击间隔时间 50~60 s，2 组之间冷却到环境温度。

对于不同电压等级的避雷器，重复转移电荷试验标准是每次冲击试验注入的库仑量，折算成 2 ms 方波电流幅值和单次注入能量如表 4-11 所示，以典型的 500 kV 避雷器为例，注入的库仑量为 3.96 C，折算 2 ms 方波幅值 1980 A，根据伏安特性得到方波试验的残压值 U 后，计算得到单次方波注入能量值为 $3.96U$，以典型的 Y20W-444/1050 型 500 kV 线路侧避雷器来说，根据制造厂提供的伏安特性，1980 A（约为 2 kA）下的残压 U 为 870 kV，单次冲击过程注入能量为 3.45 MJ。

表 4-11　重复转移电荷试验的库仑量与 2 ms 方波电流幅值和注入能量的关系

避雷器	注入库仑量（C）	方波幅值（A）	单次注入能量（kJ）	总注入能量（kJ）
110 kV 避雷器	1.10	550	$1.1U$	$2.2U$
220 kV 避雷器	1.32	660	$1.32U$	$2.64U$
500 kV 避雷器	3.96	1980	$3.96U$	$7.92U$

试验结果满足以下条件，则判断为试验合格：

（1）无机械损伤痕迹（击穿、闪络或开裂）。

（2）试验前后，直流、工频参考电压变化不超过 ±5%。

（3）试验前后，标称放电电流下残压变化不超过 ±5%。

（4）进行 2 倍标称放电电流、8/20μs 的冲击试验一次，没有机械损伤。

结论：对于电阻片重复转移电荷注入能量的计算，由于两次方波间隔时间短，从能量注入的角度考虑，应以两次方波试验能量之和为准，即 $7.92U$，典型的 Y20W-444/1050 型 500 kV 线路侧避雷器的能量吸收能力为 6.89 MJ。

2. 动作负载试验

该试验在热比例单元上进行，验证避雷器实际运行中，注入一个能量后，再施加短时过电压和随后持续电压运行，避雷器是否能保持热稳定，即发热是否能够小于散热。

（1）预备性试验。对电阻片进行 2 次幅值 100 kA、4/10 μs 的大电流冲击试验，2 次冲击之间，应使电阻片冷却至室温。

（2）热稳定试验。对热比例单元，在 3 min 时间内，采用 2~4 ms 方波（或 2~4 ms 的正弦半波）注入能量，冲击次数不受限制，不同电压等级避雷器的冲击能量如表 4-12 所示，可以看出，对于 Y20W-444/1050 型 500 kV 线路侧避雷器，动作负载试验对归算到整只避雷器的总注入能量为 6.21 MJ，与重复转移电荷试验中两次方波试验能量之和相当（6.89 MJ）。

表4-12　动作负载试验注入的冲击能量

避雷器	单位能量（kJ/kV）	整只避雷器总注入能量（kJ）
110 kV避雷器	4	432（额定电压108 kV）
220 kV避雷器	6	1224（额定电压204 kV）
500 kV避雷器	14	6216（额定电压444 kV）

（3）施加短时工频过电压和持续运行电压。注入能量后，在不超过100 ms时间内对避雷器施加10 s的额定电压，接着施加至少30 min持续运行电压，监测试品电流阻性分量、功率损耗或温度，直至测量值明显减小，则为热稳定；如测量值逐渐增加，则判断为热崩溃。

试验结果满足以下条件，则判断为试验合格：

（1）热稳定未被破坏。

（2）试验前后，标称放电电流下残压变化不超过±5%。

（3）试验前后，没有明显的机械损伤。

结论：对于热比例单元的动作负载试验，规定试验波形为方波，只要求3 min内注入能量，并未对注入次数进行限制，归算到整只500 kV避雷器的总注入能量约为6.2 MJ，与重复转移电荷试验中两次方波试验能量之和（6.9 MJ）相近，为安全起见，选择典型500 kV避雷器的能量耐受能力（通流容量）为6.2 MJ。

⚡ 4.4.3　避雷器能量分散吸收的思路

选择避雷器多柱电阻片并联的方式，是对过电压能量分散吸收的直接办法，在直流系统特殊操作工况下的过电压保护得到应用，虽然外瓷套直径较大，但端部电压不高，避雷器高度较低，制造和安装比较容易实现；相比而言，500 kV变电站线路侧避雷器的电阻片本身直径较大（大于100 mm），目前的单柱结构避雷器的外瓷套直径已经较大，加上运行电压较高，需要三节避雷器串联而成，如果采用多柱结构的话，瓷套将很庞大，多柱电阻片分散吸收雷电过电压能量的方式较难实现。

基于分布式避雷器对雷电侵入波能量分散吸收的思路，连续雷击高风险地区500 kV线路侧避雷器的配置方案可考虑由2~3只独立的500 kV无间隙金属氧化物避雷器组成的避雷器组，如图4-14所示，保留目前在变电站围墙内的500 kV线路侧避雷器（第一避雷器）的基础上，在变电站出线的最初两基杆塔上，悬挂1~2只避雷器，即第二避雷器安装在终端塔上，如经校核需安装第三避雷器，则安装在变电站往外第二基杆塔上，所有避雷器并联安装，且三相线路均安装，以实现对雷电侵入波的能量进行分散吸收。

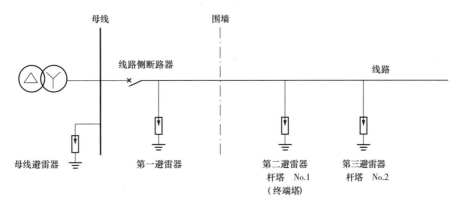

图 4-14　500 kV 线路侧避雷器配置示意图

第一避雷器为现行安装在变电站内的线路侧无间隙金属氧化物避雷器，为瓷绝缘避雷器。

对于一般雷害水平地区，仅靠安装在变电站内的常规线路侧无间隙金属氧化物避雷器，就能满足避雷器在雷电侵入波过程的能量吸收要求，不需要额外增加分散吸收能量的避雷器配置，此时，保留安装在变电站内的线路侧无间隙金属氧化物避雷器作为基本配置。

目前，安装在变电站内的 500 kV 避雷器均为瓷绝缘外套无间隙金属氧化物避雷器，线路侧避雷器的典型参数为：额定电压 444 kV，标称放电电流（20 kA）下的残压 1106 kV，根据各地雷电活动强烈情况不同，电阻片 2 ms 方波电流（20 次）可选为 1500~2000 A。

对于雷害高风险地区，如地闪密度高、连续雷击占比较高、线路跳闸率高和发生过连续雷击引起的设备故障等情形，需要在通过对严苛工况下避雷器（组）吸收的雷电侵入波能量进行校核评估的基础上，结合电阻片劣化的吸收能量阈值，确定增加的避雷器数量，一般悬挂避雷器数量为 1 只或 2 只。

由于瓷外套避雷器重量较重，不具备安装在线路杆塔上的条件，复合绝缘外套避雷器大幅减轻的重量，在杆塔上悬挂较易实施，因此，第二避雷器（和第三避雷

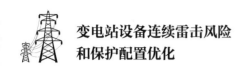
器）选择复合绝缘无间隙避雷器，从变电站向外的500 kV出线杆塔上依次安装。

4.4.4 避雷器参数要求

所有500 kV线路侧避雷器连续雷击后的热崩溃事故中，主放电（首次回击）或前序回击引起线路侧断路器跳闸，断路器断口处于断开状态，后续回击造成的雷电侵入波在断口的线路侧发生全反射，反射波继续作用在避雷器上，避雷器承受侵入波和反射波两个行波的叠加作用，加重了避雷器能量吸收负担。

对于雷电侵入波，依次经过图4-14的第三避雷器、第二避雷器和第一避雷器，因沿导线电晕损耗等原因，雷电侵入波的陡度和幅值有所下降，最外侧避雷器端部雷电过电压最高，经过限压和沿途损耗后，后续避雷器的端部过电压略有下降，能量吸收负担有所减轻，因此，最外侧避雷器的能量吸收负担最重。雷电反射波则相反，首先经过第一避雷器后，沿出线方向逐渐衰减。

按照图3-71建立典型的500 kV线路和杆塔模型，杆塔档距300 m，终端塔距离变电站线路侧断路器100 m，雷击变电站2 km进线段的远端，线路波阻抗取$Z=300 \ \Omega$；雷电波侵入期间，线路侧断路器均处于断开状态，第一避雷器至第三避雷器的电阻片和额定电压完全相同，取典型避雷器参数，额定电压444 kV，标称放电电流（20 kA）下的残压1106 kV。

考虑到500 kV线路绝缘子的雷电绕击耐雷水平约为22 kA，为严格起见，取雷电流幅值22 kA，且首次负极性雷击为1/200 μs波形，后续回击为0.40/42.6 μs波形；采用PSCAD仿真软件，仿真计算的避雷器吸收能量排序为第三避雷器（1247 kJ）、第一避雷器（1255 kJ）和第二避雷器（1294 kJ），最大偏差不足5%，如图4-15所示。

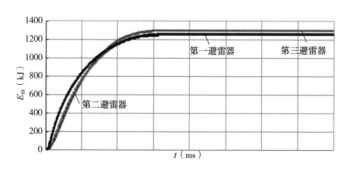

图 4-15　500 kV 避雷器能量吸收分布图

虽然可以通过调整额定电压来均衡三个避雷器的能量吸收水平，但考虑到 500 kV 避雷器为定型产品，额定电压存在细微差别将增加制造成本，为此，建议所有避雷器的电阻片、额定电压和通流容量相同，最外侧避雷器吸收能量略高，但均衡度可以接受。

顺便指出，增加避雷器的目的是对雷电侵入波能量进行分散吸收，减轻每只避雷器的负担，而不是为了改善避雷器保护性能的目的。沿线路的雷电侵入波作为行波，经过外侧杆塔悬挂的避雷器逐级限压后，陡度持续下降，将进一步减轻对变电站内设备绝缘的威胁。

⚡ 4.4.5 连续雷击高风险地区 500 kV 线路侧避雷器配置方案

在杆塔上增装避雷器的目的是分担原有变电站围墙内 500 kV 线路侧避雷器的能量吸收负担，以增加避雷器能量吸收能力，考虑到经济性，应计算校核增装的避雷器数量，所考虑的因素包括原有避雷器在当地最严苛连续雷击工况下的能量吸收水平、电阻片的通流容量、电阻片快速劣化的短时间吸收能量阈值等因素，并留有一定的裕度，此外还要考虑所在的 500 kV 线路和变电站的重要性。

杆塔上悬挂避雷器的数量越多，每只避雷器的吸收雷电侵入波能量的负担就越轻，同时成本也越高，应结合上述偏严条件的仿真计算分析，以每只避雷器在连续雷击的短时间内不出现快速劣化为原则，确定在连续雷击高风险地区，在杆塔上增加悬挂 1~2 只避雷器，是技术经济性较优的配置。

基于严苛工况下连续雷击参数、避雷器通流容量、避雷器累计能量吸收水平、避雷器电阻片劣化阈值等因素，确定杆塔悬挂 500 kV 无间隙金属氧化物避雷器数量的校核方法，既考虑了一定的安全裕度，也兼顾经济性：

（1）变电站连续雷击危害等级为低风险地区，可保留传统线路侧避雷器的配置。

（2）变电站连续雷击危害等级为一般风险地区，建议在 500 kV 出线终端塔上增装 1 只无间隙避雷器。

从表 3-25 的 6 起 500 kV 线路侧避雷器在连续雷击下故障案例中，避雷器在连续雷击过程中累计吸收能量计算结果看出，故障避雷器在经历整个连续雷击引发电阻片快速劣化过程中吸收的总能量在整个通流容量中的占比为 24.3%~53.7%，平均为35.7%，中位数为32.5%，超过45%的只有45.2%和53.7%，说明对于连续雷击风险一般的场合，在变电站终端塔上并联一只500 kV避雷器即可满足能量分散吸收后单只避雷器能量吸收控制在25%的快速劣化能量吸收阈值以内，也就是说，可以能够将避雷器U_{1mA}电压降低控制在5%以内，避免发生快速劣化。

（3）变电站连续雷击危害等级为高风险地区，可考虑在500 kV出线杆塔上增装2只无间隙避雷器。

此外，还可考虑变电站和500 kV线路的重要性，在上述校核的基础上，提高一个风险等级，适当增加避雷器数量（最多增装2只），以相应增加连续雷击过程避雷器能量吸收的安全裕度，提高避雷器在连续雷击工况下电阻片快速劣化风险的防护等级。

需要指出的是，经计算分析，增装2只避雷器后，U_{1mA}继续降低的幅度不大（低于1%），经济性较差。

通过分布式多只避雷器的方式，对连续雷击中雷电侵入波能量的分散吸收，减轻了每只避雷器的负担，具备能量吸收能力更高的优点，能解决连续雷击恶劣工况下沿线路的雷电侵入波引发的线路侧避雷器快速劣化而导致热崩溃的问题；给出基于连续雷击过程避雷器吸收能量、电阻片通流容量和劣化阈值等因素的避雷器安装数量的校核方法，并考虑线路的重要性，既考虑留有一定的安全裕度，也兼顾了经济性，适用于多雷区和强雷电活动区域，尤其是输电线路常遭受连续雷击恶劣运行环境。

4.5　提高线圈类设备连续雷击条件下运行安全性的措施

4.5.1　连续雷击条件下变电站内线圈类设备的风险

根据连续雷击引起110 kV线圈类设备匝间绝缘故障案例分析（详见3.5节）和典型变压器绕组匝间故障案例的过电压计算（详见3.6节），对于连续雷击过程未引起线路绝缘子闪络，或闪络但未稳定建弧，线路断路器未跳闸的情形，连续雷击侵入波侵入变电站，可能引起线圈类设备匝间绝缘风险，尤其对雷电侵入波的陡度尤其敏感，而连续雷击的后续回击波头时间更短，陡度更大，绕组的匝间绝缘运行风险更高，这类故障在110 kV线圈类设备（尤其是老旧变压器）上表现较为突出；

也可能因连续雷击的累积效应引发固体、液体或者复合绝缘强度下降甚至击穿风险；此外，线路防污调爬等因素也在提高线路绝缘水平的同时，雷电侵入波幅值相应升高，在一定程度上增加了雷电侵入波的风险。

为解决线圈类设备匝间绝缘雷电过电压耐受能力不足的问题，主要措施有：

（1）提高绕组匝间绝缘强度，改善绕组电压分布（增大纵向电容、补偿对地电容的影响等），但涉及面较大，有一定的局限性，且对老旧变压器的改造并不具备条件。

（2）采取措施降低变压器的侵入波过电压的幅值和陡度，选择低残压避雷器作为线路侧避雷器或变压器高压侧避雷器是一个有效途径，可以通过降低残压，降低绕组端部过电压，从而达到间接地将匝间绝缘过电压同步降低的目的，从而改善雷电侵入波下，尤其是连续雷击侵入波下绕组匝间绝缘的运行条件。

⚡ 4.5.2 低残压避雷器对连续雷击条件下110 kV变压器匝间绝缘的保护效果评价

110 kV变电站18的1号主变压器匝间绝缘故障，在匝间绝缘耐受雷电冲击性能较弱的老旧变压器中具有代表性，利用PSCAD/EMTDC仿真软件，在3.6.1节的输电线路和雷电侵入波仿真模型的基础上，将Y10W1–100/248 W型避雷器更换成伏安特性为表4–8中的110 kV低残压避雷器，基于根据2.3.5节不同频次的严苛连续雷击等效电源模型得出用于仿真计算的负极性连续雷击波形，对连续雷击过程的过电压进行核算，了解雷电侵入波过电压和变压器绕组匝间暂态过电压水平，为提高线圈类设备绕组匝间过电压保护水平的措施提供依据。

考虑严苛情况，设置雷电绕击输电线路，雷电流为110 kV输电线路绕击耐雷水平7 kA，此时计算得到的匝间电压最高为0.26 kV（波形类似于图3–102），较原匝间过电压0.38 kV（详见3.6.2节）降低了30%。

⬭ 4.6　本章小结

（1）提高连续雷击下线路侧断路器的安全运行水平的途径有提高断路器灭弧室自身的绝缘强度和绝缘配合优化两个途径，以后者为主，又包括选择无间隙金属氧

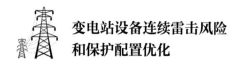

化物避雷器、控制线路侧避雷器与断路器断口之间的电气距离和降低线路侧避雷器
残压等途径。

（2）线路侧避雷器与线路侧断路器的安装距离对连续雷击侵入波过电压保护水
平有重要影响，按照典型故障案例得出的连续雷击过程回击间隔内断口雷电冲击耐
受电压降至正常状态水平的70%~85%的推断，考虑一定的安全裕度，建议220 kV
和110 kV线路侧避雷器安装位置与线路侧断路器的距离应不大于30 m，并设法安
装在变电站围墙内。

（3）基于伏安特性分段思想的低残压避雷器可兼顾正常运行和内过电压下的安
全运行要求，在高风险雷电侵入波下也能通过并联间隙动作以短接部分本体而获得
残压降低20%~30%的效果，实现与连续雷击过程的回击短时间间隔内断口下降的
雷电冲击耐受强度的配合，达到提高线路侧断路器在连续雷击严苛工况下安全运行
水平的目的。

（4）500 kV线路侧避雷器在连续雷击过程中吸收的总能量远没有达到其通流容
量水平，避雷器热崩溃的主要原因是在短时间内吸收较多雷电侵入波能量而发生快
速劣化，老旧避雷器电阻片因存在老化（劣化）而导致短时间内吸收连续雷击能力
下降，避雷器快速劣化的能量吸收阈值可设置为其通流容量的25%。

（5）通过分布式多只避雷器的方式，对连续雷击侵入波能量进行分散吸收，以
减轻每只避雷器的负担，可提高线路侧避雷器在连续雷击过程中的安全运行水平。
变电站连续雷击危害等级为低风险地区，可保留传统线路侧避雷器的配置；变电站
连续雷击危害等级为一般风险的地区，建议在500 kV出线终端塔上增装1只无间隙
避雷器；变电站连续雷击危害等级为高风险的地区，可考虑在500 kV出线杆塔上
增装2只无间隙避雷器。

（6）基于伏安特性分段思想的低残压避雷器也可以用于变电站内的变压器绕组
等薄弱设备的雷电侵入波保护，计算校核显示可降低绕组端部电压和匝间电位差约
30%，从而提高线圈类设备在连续雷击过程中的安全运行水平。

第5章
变电站连续雷击灾害定级

5.1 现有雷电灾害定级方法

对于雷电灾害的定级，目前主要按照地区雷电强弱分级，其标准又经历了雷暴日到地闪密度的精细化的科学进程。

GB/T 50064—2014《交流电气装置的过电压保护和绝缘配合设计规范》对强雷区作出了定义，即平均年雷暴日超过90天或者地闪密度超过7.98次/（km²·年）以及根据运行经验雷害特殊严重的地区。

以处于南方雷电活动强烈区域的广东省为例，按照21个省辖市又进一步划分成低、中、高、极高等4类地闪密度区域，各等级地闪密度值分别为：

（1）低地闪密度区［8.29~9.91次/（km²·年）］。

（2）中地闪密度区［9.91~12.87次/（km²·年）］。

（3）高地闪密度区［12.87~16.93次/（km²·年）］。

（4）极高地闪密度区［16.93~23.65次/（km²·年）］。

5.2 连续雷击灾害定级思路

在国际上通行的连续雷击（重复雷击）定义（参照权威的IEC 62858：2019 *Lightning density based on lightning location systems（LLS）- General principles*）的框架内，结合连续雷击形成雷电侵入波对变电站设备（主要是线路侧断路器、线路侧避雷器和线圈类设备）造成危害的风险特征，对雷击地闪进行划分，提出基于变电站雷电侵入波防护的连续雷击定义。

基于第2章对本地的雷电定位系统信息和现场雷电观测（人工引雷或自然雷电

参数获取）历史数据的统计分析，了解连续雷击的特征参数（回击雷电流幅值、连续雷击过程的回击次数、回击时间间隔、主放电和后续回击电流波头时间和波长等），提出基于变电站雷电侵入波防护的连续雷击电流的模型库。

地闪密度作为地区雷电活动强度的主要指标，已经取得普遍共识。基于连续雷击与地闪在数量上呈现的正相关性或成比例的特点，探讨连续雷击活动强度指标与地闪密度的关联性。

进一步地，通过对同为雷电活动较为强烈地区（如广东地区）的内部不同地区的雷电活动特征参数（地闪密度、连续雷击占比、回击雷电流幅值、回击次数、回击时间间隔等）的差异化分析，探讨按照地域特征对连续雷击活动强度进行划分。

对于变电站设备而言，连续雷击造成的灾害最终要落到变电站设备上面，确定连续雷击灾害高风险设备及其灾害特征，从变电站设备运行经验看，连续雷击灾害定级研究主要着眼于220 kV线路侧断路器、500 kV线路侧避雷器和110 kV线圈类设备，通过分析上述设备各自的灾害风险特征，提出敏感性参数和基于设备的灾害定级方法。

按照连续雷击活动强度的地域划分，结合连续雷击敏感设备的故障特点，以及变电站和设备的重要性，探讨各个要素的影响和关联性，给出特定区域的连续雷击灾害定级指引。

连续雷击以负极性为主，占绝大部分，考虑到所有连续雷击相关的线路侧断路器、线路侧避雷器和线圈类设备故障均与负极性连续雷击过程在时间上强相关，由此，连续雷击灾害定级均基于负极性连续雷击进行。

5.3 连续雷击参数的差异化分析

5.3.1 年份差异化分析

2.2节对2010~2021年广东省雷电定位系统监测到的17195036次地闪进行了统计，结果显示：

（1）共筛选出连续雷击共9041483次，在地闪中占比52.58%，其中，负极性连续雷击占连续雷击的绝大部分（96.84%），人工引雷试验观测结果和连续雷击相关故障均只涉及负极性连续雷击。

（2）从年度分布看，连续雷击占比在47.5%~59.0%区间内变化，而负极性连续雷击占比在92.2%~99.4%区间变化，连续雷击在地闪中的占比较为稳定，一致性较好，与年份弱相关。

（3）连续雷击首次回击比单次雷击危害更大。频次为2、3、4和5的负极性连续雷击的首次回击雷电流幅值分别为单次雷击雷电流幅值的1.31、1.54、1.70倍和1.82倍，后续回击雷电流幅值也略大于单次回击，详见2.2.5.2节。

由此可推出以下结论：

（1）连续雷击与地闪之间存在正相关的关联关系，可以间接地用地闪密度反映连续雷击密度。

（2）连续雷击以负极性为主，占绝大部分，考虑到所有连续雷击相关的线路侧断路器、线路侧避雷器和线圈类设备故障均与负极性连续雷击过程在时间上强相关，由此，连续雷击灾害定级均基于负极性连续雷击进行。

5.3.2 地区差异化分析

5.3.2.1 连续雷击在地闪中的占比

根据5.3.1节可知，不同年份的连续雷击在地闪中占比基本相同，故对有代表性的不同地区，从广东省雷电定位系统信息中近三年连续雷击在地闪中的占比进行统计分析，得到粤东、粤西、粤北和珠三角地区连续雷击在地闪中的占比如表5-1所示，可以看出，不同地区的连续雷击在地闪中的占比并无明显差异，均在50%左右。

表 5-1　广东省雷电定位系统不同地区连续雷击在地闪中的占比

地区		粤东	粤西	粤北	珠三角
负极性连续雷击占比（%）	2021年	50.91	46.77	52.88	51.72
	2020年	47.25	51.23	51.73	48.91
	2019年	48.78	50.71	49.25	51.61

5.3.2.2 雷电流幅值

根据5.3.1节可知，不同年份的连续雷击在地闪中占比基本相同，故对有代表性的不同地区，对广东省雷电定位系统信息中近三年首次回击与后续回击的雷电流幅值进行统计分析，并根据式（2-2），采用最小二乘法进行拟合，得到粤东、粤西、粤北和珠三角雷电流幅值的 α 与 β 值如表5-2所示，可以看出：

（1）不同地区首次回击次数存在差异，主要是不同地区的地闪密度差异与面积不同。广东省地闪密度分布的地区特征较明显：珠三角地闪密度较高，雷电活动较为活跃，雷击次数最多，连续雷击中的首次回击和后续回击分别有148462次和401861次；相比之下，粤东地区的地闪密度较低，首次回击和后续回击分别有19590次和57431次。

（2）尽管不同地区雷击次数存在差异，但各类电流经拟合后的雷电流幅值的中位数 α 差异很小，各地区连续雷击中首次回击雷电流幅值为48.61~43.33 kA，最大差异为11%；后续回击雷电流幅值为29.25~32.52 kA，最大差异为10%。整体而言，各年份雷电流幅值差异在13%以内。

（3）不同地区的首次回击和后续回击拟合参数 β 差异很小，在3.53~3.76之间，差异在7%以内。

表 5-2　广东省雷电定位系统不同地区连续雷击的雷电流幅值拟合参数

地区		首次回击			后续回击		
		雷击次数	α	β	雷击次数	α	β
粤东	2021年	19590	48.61	3.57	57431	30.18	3.72
	2020年	21372	43.79	3.58	68157	27.62	3.55
	2019年	24598	46.18	3.67	65379	29.50	3.75
粤西	2021年	40298	46.96	3.59	92216	32.52	3.59
	2020年	51331	47.28	3.58	102247	28.79	3.76
	2019年	52715	46.54	3.71	125635	30.33	3.71
粤北	2021年	130922	43.94	3.64	364979	29.25	3.61
	2020年	153154	47.19	3.71	408911	31.56	3.53
	2019年	180132	48.51	3.68	395751	33.31	3.71
珠三角	2021年	148462	43.66	3.71	401861	30.89	3.59
	2020年	165472	47.49	3.59	421789	32.28	3.57
	2019年	191891	48.23	3.65	432574	33.26	3.58

5.3.2.3　回击频次

对广东省雷电定位系统信息中近三年有代表性的粤东、粤西、粤北和珠三角地区连续雷击过程的回击次数进行统计分析，得出不同地区连续雷击过程的回击次数并无明显差异，2021年回击次数数据如图5-1所示，各年统计数据如表5-3所示。

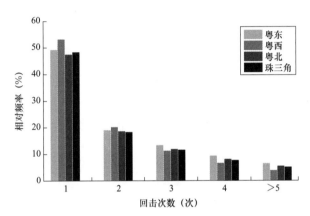

图 5-1　不同地区的连续雷击过程回击次数（2021 年）

表 5-3　广东省雷电定位系统不同地区连续雷击的回击次数

地区		回击次数均值	地区		回击次数均值
粤东	2021年	1.61	粤北	2021年	1.59
	2020年	1.58		2020年	1.58
	2019年	1.60		2019年	1.62
粤西	2021年	1.59	珠三角	2021年	1.63
	2020年	1.62		2020年	1.60
	2019年	1.58		2019年	1.63

5.3.2.4　回击间隔时间

对广东省雷电定位系统信息中近三年有代表性的粤东、粤西、粤北和珠三角地区等不同地区连续雷击过程的回击时间间隔进行统计分析，得到不同地区连续雷击过程的回击时间间隔分布如图5-2所示，年份统计数据如表5-4所示，可以看出，对于连续雷击定义（回击时间间隔小于0.2 s）而言，不同地区的间隔时间并无明显差异。

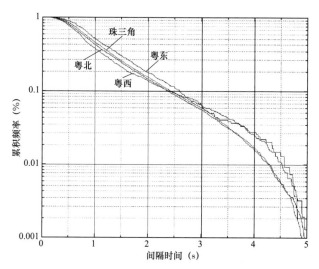

图 5-2　不同地区的连续雷击过程间隔时间分布（2021 年）

表 5-4　广东省雷电定位系统不同地区连续雷击的间隔时间　　ms

地区		平幅值	中位数	地区		平幅值	中位数
粤东	2021年	115.8	86.2	粤北	2021年	116.3	88.2
	2020年	124.1	88.1		2020年	119.8	88.9
	2019年	125.5	87.9		2019年	123.8	86.5
粤西	2021年	131.8	102.1	珠三角	2021年	120.9	92.7
	2020年	118.9	95.1		2020年	117.5	88.5
	2019年	121.5	89.9		2019年	123.6	89.2

5.3.3　连续雷击关联故障信息分析

在地闪密度分布图上，对所有与连续雷击过程在时间上强相关的所有线路侧断路器和线路侧避雷器故障位置进行标注。从广东、广西和云南地区典型的线路侧断路器、线路侧避雷器和线圈类设备故障位置（详细情况见第3章）可以看出：

（1）连续雷击设备故障大多发生在地闪密度较高区域，与地闪密度高低呈现正相关的关系。

（2）连续雷击设备故障数量与地闪密度和变电站数量呈正相关性，例如广东省珠三角地区雷电活动频繁，地闪密度普遍处于较高等级，加上该地区经济发达，输

242

电线路和变电站规模大，相应地，故障数量相较于粤东西北更多。

（3）地闪密度较低的地区也存在连续雷击故障案例，但比例较低。地闪密度低的广东潮汕地区出现2起220 kV线路侧断路器故障；云南地区的2起500 kV避雷器故障分布在地闪密度较低的B级区域，广西地区的断路器故障也有2起分布在地闪密度较低区域（占比一半），说明雷电活动强度相对较弱的地区存在一定的连续雷击灾害概率，使得连续雷击灾害呈现一定的分散性。

（4）设备的连续雷击灾害概率与连续雷击强度和密度并不完全呈现一致性，说明地闪密度和连续雷击特性只是设备连续雷击灾害定级的一个主要要素，并非决定要素，但从连续灾害设备统计分析中发现，可以根据地闪密度对连续雷击灾害进行初步定级，确定连续雷击灾害风险较重区域，作为后续基于变电站设备的区域性定级的基础。

⚡ 5.3.4　小结

（1）连续雷击首次回击的雷电流幅值比单次雷击更大，后续回击雷电流幅值也略大于单次回击，较传统绝缘配合所关注的单次雷击，连续雷击的危害更大，连续雷击的危害定级具有特殊的意义。

（2）负极性连续雷击在连续雷击中占比超过90%，与年份和地域相关性不大，因此，只需考虑负极性雷击的影响。

（3）连续雷击在地闪中的占比约为52%，与年份和地域相关性不大，连续雷击与地闪之间存在正相关的关联关系。

因此，可以继续间接地沿用地闪密度反映连续雷击地闪密度，以便对不同地区的变电站连续雷击灾害进行定级。

5.4　变电站设备连续雷击危害差异化定级

⚡ 5.4.1　设备风险差异化定级

5.4.1.1　连续雷击高风险设备及连续雷击敏感参数

对于变电站设备而言，连续雷击造成的灾害最终要落到变电站设备上面，为准确地对变电站设备进行区域化风险定级，制订针对性的变电站设备绝缘配合策略，首先必须确定连续雷击灾害风险的高风险设备、灾害特征及连续雷击敏感参数。

从变电站设备防雷运行经验看，连续雷击造成的变电站设备的灾害事故主要集中在 220 kV 线路侧断路器、500 kV 线路侧避雷器以及少量的 110 kV 线圈类设备（变压器和 TA），从生产实际出发，连续雷击灾害定级主要聚焦于上述高风险设备，相应的灾害风险特征和连续雷击敏感参数如表 5-5 所示。

表 5-5 连续雷击高风险设备

设备	故障时线路状态	灾害风险特征	连续雷击敏感参数
220 kV 线路侧断路器	线路跳闸	灭弧室 SF_6 气体绝缘强度下降	后续回击电流幅值、波头、间隔时间、回击数
500 kV 线路侧避雷器		短时间能量吸收能力不足	回击电流幅值、波头、波长、回击数
110 kV 线圈类设备（变压器和 TA）	线路未跳闸	匝间绝缘的雷电冲击耐受能力不足	回击电流幅值、波头

5.4.1.2 220 kV 线路侧断路器

雷电侵入波引发线路侧断路器断口绝缘击穿故障较为常见，在实施变电站安装线路侧避雷器反措之后，2010~2018 年（仅 2012 年未发生）南方电网内仍发生与连续雷击时间上强相关的线路侧断路器断口故障多起，故障特点表现为 220 kV 线路侧断路器开断后间隔 0.3 s 内再次遭受雷击并导致断口击穿，断口击穿电弧大部分在约 10 ms 内自动熄灭。

此外，还有 1 起 110 kV 线路侧 TA 主绝缘故障，因线路侧断路器处于热备用状态，雷电侵入波在断路器断口全反射形成的过电压也施加在断口靠线路侧的 TA 上面，因此，也归到这一类型的故障。

对于线路侧断路器而言，由于连续雷击的间隔时间较短，在首次回击产生稳定工频电弧，引起断路器动作后，输电线路继续遭受后续回击，雷电侵入波经过避雷器衰减后，在断路器处发生全反射，由于断口灭弧室的弧后 SF_6 气体介质在后续回击的短时间间隔内仍处于热状态，绝缘还没有恢复到正常状态下的绝缘强度，此时断路器容易发生损坏。

由上述线路侧断路器在连续雷击下发生故障的过程分析可以看出，220 kV 线路侧断路器对连续雷击敏感参数主要有：①决定断路器断口过电压与线路是否跳闸的回击电流幅值与波头时间；②决定断路器绝缘恢复状态的连续雷击间隔时间；③连续雷击回击数。

5.4.1.3　500 kV 线路侧避雷器

近年来，南方电网内发生与连续雷击时间上强相关的线路侧避雷器故障多起，主要为 500 kV 线路侧无间隙避雷器，另有 1 起 500 kV 高抗中性点避雷器（110 kV 等级电站型无间隙金属氧化物），故障特点表现为连续雷击过程的短时间内吸收较多能量，电阻片温度升高致使出现快速劣化趋势，在后续的运行电压下热平衡被破坏而发生热崩溃。

500 kV 线路侧避雷器对连续雷击敏感参数主要有：①决定连续雷击过程中避雷器能量吸收能力与吸收能量水平的雷电流幅值以及波头与波尾时间；②决定连续雷击避雷器吸收总能量的连续雷击回击数。其中，电阻片吸收的能量值对连续雷击的波形尤其敏感。

5.4.1.4　110 kV 线圈类设备

目前的变电站绝缘配合能确保避雷器对变压器绕组主绝缘具有足够的雷电冲击保护裕度，但是，对于波头时间短、陡度较高的雷电侵入波（尤其是连续雷击的后续回击呈现更短的波头时间），匝间绝缘仍承受很高的运行风险。

110 kV 线圈类设备在雷电侵入波下的故障特点表现为匝间绝缘损坏，涉及的案例既有单次雷击，也有连续雷击，后者可能带来固体、液体或者固液复合绝缘击穿的累积效应，是一个值得关注和进一步研究的新问题。

因此，110 kV 线圈类设备对连续雷击敏感参数为：回击电流幅值、波头，尤其对雷电侵入波的陡度尤其敏感，而连续雷击的后续回击波头时间更短，陡度更大，绕组的匝间绝缘运行风险更高。

5.4.1.5　连续雷击设备风险定级

连续雷击灾害定级以设备风险为中心，基于工程实际，连续雷击设备风险定级如表 5-6 所示，连续雷击高风险设备分别为 500 kV 避雷器、220 kV 断路器和 110 kV 线圈类设备（变压器和线路侧 TA）。

表 5-6　连续雷击设备风险定级

电压等级	线路侧避雷器	线路侧断路器	线圈类设备
500 kV	高	低	低
220 kV	低	高	低
110 kV	低	低	高

5.4.2　线路跳闸率与连续雷击的关联性

所有变电站的线路侧断路器和线路侧避雷器故障之前，呈现一个规律，均伴随着线路雷击跳闸，即连续雷击主放电或前序回击造成线路绝缘子闪络且稳定建弧而引发跳闸，因此，线路雷击跳闸率提供了连续雷击灾害的重要关联性信息，可以从线路跳闸率中进一步挖掘连续雷击相关的信息。

通过比对线路跳闸信息和雷电定位系统信息，如果在时间上一致性较高（时间上相距 10 ms 以内），则认定为一起连续雷击引发的跳闸事件，依此计算出线路跳闸次数中伴随连续雷击的比例。

根据广东省 2010~2021 年各年份线路雷击跳闸统计数据，结合雷电定位系统在跳闸前后的雷电数据，统计分析得到广东省不同地区伴随连续雷击跳闸的比例如表 5-7 所示，可以看出，虽然不同地区的跳闸次数有所差别，但不同地区伴随连续雷击跳闸的比例无明显差别，为 75%~85%，这说明雷击跳闸次数越多，相应的，伴随有连续雷击的雷击跳闸率也是越多的。

表 5-7　广东省不同地区线路雷击跳闸中伴随连续雷击跳闸的比例

地区	雷击跳闸次数	伴随连续雷击的比例（%）	地区	雷击跳闸次数	伴随连续雷击的比例（%）
茂名	110	83	河源	7	85
惠州	8	75	梅州	6	83

可见，线路跳闸率可以作为连续雷击灾害定级的重要因素指标。

5.4.3　连续雷击跳闸率分析

以有代表性的茂名地区为例，对所辖不同区域的地闪密度、输电线路长度、跳闸次数、伴随连续雷击的比例等参数的进行细分统计，探究连续雷击跳闸率的影响因素，列出茂名地区不同区域的地闪密度、伴随连续雷击跳闸比例与输电线路长度的统计数据如表5-8和表5-9所示，可以看出：

（1）对于一个较小范围的地区，如茂名地区，内部不同区域的连续雷击跳闸比例并无明显差别。

（2）化州市地闪密度最高，电白区线路最长，但两地的雷击跳闸中伴随连续雷击的次数并非最多。

（3）相比之下，跳闸中伴随连续雷击的次数最多的区域是高州市，其地闪密度和架空输电线路长度处于次高的水平，综合指标最高。

表 5-8　茂名地区不同区域的地闪密度和伴随连续雷击跳闸的比例（2021-01-01~2021-10-29）

地区	地闪密度 [次/（km²·年）]	跳闸 次数	伴随连续雷击的 比例（%）	地区	地闪密度 [次/（km²·年）]	跳闸 次数	伴随连续雷击 的比例（%）
电白区	4.80	18	88	化州市	6.55	15	100
高州市	5.99	43	83	信宜市	5.16	29	72

表 5-9　茂名地区不同区域的 110 kV 及以上架空输电线路长度　　　　　km

单位	项目	茂南区	电白区	化州市	高州市	信宜市
输电一所	线路回数	50	49	42		
	线路长度	618.52	914.92	747.22		
输电二所	线路回数	2		2	50	50
	线路长度	35.0		10.0	833.86	760.0
总计	线路回数	52	49	44	50	50
	线路长度	653.52	914.92	757.22	833.86	760.0

综上分析，可以推断，连续雷击跳闸次数是地闪密度和架空输电线路长度两个因素综合作用的结果，在茂名地区下辖各区域的地闪密度和线路雷击跳闸率没有明显差别的前提下，输电线路长度成了影响连续雷击风险的主要因素。

5.4.4　输电线路长度对连续雷击风险的有效性

从5.4.3节分析结果，在地闪密度和雷击跳闸率水平相近的前提下，输电线路长度成为影响连续雷击风险的主要因素，那么是否整条线路长度对影响连续雷击风险有效，或是进线段（近区）落雷引起的风险更高，为此，统计20起连续雷击相

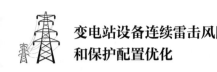

**变电站设备连续雷击风险
和保护配置优化**

关的线路侧断路器、避雷器和变压器等设备故障案例的雷击点位置如表5-10所示，可以看出：

表5-10　连续雷击导致变电站设备故障的线路雷击点统计

线路	线路情况	雷击点描述
线路侧断路器		
220 kV 线路 1	10.703 km，34 基塔	13 号塔 B 相，距 500 kV 变电站 1 约 4.5 km，在 31% 处
220 kV 线路 2	21.438 km，62 基塔	60 号塔 C 相，距变电站 2 约 1 km，属近区落雷
500 kV 线路 3	188.7 km，387 基塔	N289 塔 C 相，距 500 kV 变电站 3 约 70 km，在 37% 处
220 kV 线路 4	16.98 km，53 基塔	5 号塔 B 相，距 220 kV 变电站 4 约 15.7 km，在 92% 处
220 kV 线路 5	28.01 km，78 基塔	N75 塔 C 相，距 220 kV 变电站 5 约 1.2 km，属近区落雷
220 kV 线路 6	12.06 km	05 号塔 C 相，距 220 kV 变电站 6 约 1.5 km，属近区落雷
220 kV 线路 7	18 km	距 220 kV 变电站 7 约 7.5 km，在 42% 处
220 kV 线路 8	65.56 km	52 号塔 C 相，距 500 kV 变电站 8 约 13.6 km，在 21% 处
220 kV 线路 9	10.15 km	13 号塔 C 相，距 220 kV 变电站 9 约 5.5 km，在 55% 处
110 kV 线路 10	40.61 km，148 基塔	N9 塔 B 相，距 220 kV 变电站 10 约 2.4 km，在 6% 处
线路侧避雷器		
500 kV 线路 11	36.713 km，81 基塔	40 号塔 A 相，距 500 kV 变电站约 18 km，在 49% 处
500 kV 线路 12	40 km，93 基塔	N13 塔 C 相，距 500 kV 变电站 12 约 34.4 km，在 86% 处
500 kV 线路 13	41.11 km	N43 塔 A 相，距 500 kV 变电站 13 约 19 km，在 46% 处
500 kV 线路 14	83.1 km，160 基塔	N060 塔 A 相，距 500 kV 线路 14 约 52.6 km，在 63% 处
500 kV 线路 15	57.22 km	8 号塔 A 相，距 500 kV 变电站 15 约 3.5 km，在 6% 处
500 kV 线路 16	60.3 km，124 基塔	N47 塔 C 相，距 500 kV 变电站 16 约 37.4 km，在 62% 处
500 kV 线路 17	190.6 km，378 基塔	N352 塔 AB 相，距 500 kV 变电站 17 约 13 km，在 7% 处
变压器		
110 kV 线路 18	10.091 km，51 基塔	N12 塔 B 相，距 110 kV 变电站 18 约 7.7 km，在 76% 处
110 kV 线路 19	14.336 km，53 基塔	N53A 相，110 kV 变电站的终端塔，属近区落雷

（1）虽然近区落雷（距离变电站 2 km 范围内）带来的风险最大已成为共识，但近区落雷引起线路侧断路器的故障仅 2 起，占比并不高；相比之下，线路不同位置雷击都可能带来断路器故障，甚至存在线路接近末端雷击引起的故障，而对侧

电厂（属于近区落雷）线路侧断路器没有故障的情形，如 220 kV 线路 4 在 220 kV 变电站 4 侧的线路侧断路器，这与线路侧避雷器与线路侧断路器的电气距离不同有关系。

（2）尚无近区落雷引起线路侧避雷器故障记录。从统计结果看，长度较长的 500 kV 线路任何部分落雷都可能引发避雷器故障，甚至存在接近线路末端雷击，而对侧变电站（属于近区落雷）线路侧避雷器却没有发生故障的案例，如 500 kV 线路 12 在 500 kV 变电站 12 侧的线路侧避雷器损坏，而距离雷击点更近的刚投产一年多的对侧变电站的 500 kV 线路侧避雷器则没有损坏，可能与运行时间长短和避雷器个体因素有关系。

（3）变压器匝间绝缘故障虽然没有伴随线路跳闸，但线路落雷点分布也没有呈现特定的规律。

综上所述，连续雷击引起线路侧断路器、避雷器和变压器等设备故障的雷击点沿线路分布没有呈现规律，虽然近区落雷属于严苛工况，但线路任何地方落雷都可能引发故障，因此，连续雷击灾害等级采用线路雷击跳闸率指标间接反映时，整条线路长度均有效。

⚡ 5.4.5 小结

（1）连续雷击灾害定级以设备风险为中心，基于工程实际，连续雷击高风险设备分别为 500 kV 避雷器、220 kV 断路器和 110 kV 线圈类设备（变压器和线路侧 TA）。

（2）所有与连续雷击时间上强相关的变电站设备故障大多伴随着雷击跳闸，线路雷击跳闸伴随有连续雷击的比例为 75%~85%，在区域上无明显差异性。

（3）雷击跳闸次数是地闪密度和架空输电线路长度这两个主要因素综合作用的结果，线路较长、地闪密度较大的区域更容易发生连续雷击跳闸；对较小区域而言，下辖各区域的连续雷击跳闸率没有明显差别，输电线路长度成了影响连续雷击风险的主要因素。

（4）连续雷击故障的雷击点沿线路分布没有呈规律性，采用雷击跳闸率指标间接反映连续雷击灾害等级时，整条线路长度均有效。

因此，可以继续间接地沿用传统线路雷击跳闸率指标，反映连续雷击的危害程度，以便对不同地区变电站进行连续雷击灾害定级。

5.5 变电站设备连续雷击危害差异化定级指引

按照连续雷击活动强度的地域划分指标（典型如基于2015~2020年广东地区雷电定位系统统计数据的地闪密度），连续雷击的特征量（占比和回击频次）与地闪密度呈现正相关性，结合连续雷击敏感设备的故障特点，采用设备类型、电压等级、地闪密度、线路雷击跳闸率、线路长度、设备绝缘配合配置水平、变电站（及设备）和线路重要性，以及是否发生过连续雷击相关故障或连续雷击引起设备故障率等多维度评价思想，开展综合评估，进行变电站设备连续雷击灾害定级指引。

广东省属于强雷区[地闪密度大于等于7.98次/（km²·年）]，在强雷区基础上，进一步将21个省辖市划分成4类地闪密度区域：

（1）低地闪密度区[8.29~9.91次/（km²·年）]；

（2）中地闪密度区[9.91~12.87次/（km²·年）]；

（3）高地闪密度区[12.87~16.93次/（km²·年）]；

（4）极高地闪密度区[16.93~23.65次/（km²·年）]。

南方电网公司Q/CSG 1107002—2018《架空输电线路防雷技术导则》规定了各电压等级架空输电线路雷击风险等级划分如表5-11所示，其中雷击跳闸率折算至年40雷暴日[即地闪密度2.78次/（km²·年）]下的基准参考值S见表5-12。

表 5-11　各电压等级架空输电线路雷击风险等级划分标准

雷击风险等级	I	II	III	IV
雷击风险程度	较低	一般	较高	严重
线路雷击跳闸率R[次/（百km·年40雷暴日）]	$R < 1.0S$	$1.0S \leq R < 1.5S$	$1.5S \leq R < 3S$	$1.5S \leq R < 3S$

表 5-12　各电压等级输电线路雷击跳闸率基准参考值

电压等级（kV）	110	220	500	±500	±800
基准参考值S[次/（百km·年40雷暴日）]	0.525	0.315	0.14	0.15	0.1

连续雷击风险定级如表5-13所示，考虑变电站站址所在地区的地闪密度和所在地区其他可比较变电站的出线历史雷击跳闸率（取所有出线较严重者）两个要素，前者体现连续雷击出现概率，后者体现连续雷击的危害风险，可以分为低风险和高风险两个等级。

表 5-13　连续雷击风险定级

地闪密度		雷击跳闸率		连续雷击风险定级
数值	等级	数值	等级	
≥12.87次/（km²·年）	高	表5-11的Ⅲ级及以上	高	高
≥12.87次/（km²·年）	高	表5-11的Ⅲ级以下	低	高
<12.87次/（km²·年）	低	表5-11的Ⅲ级及以上	高	高
<12.87次/（km²·年）	低	表5-11的Ⅲ级以下	低	低

连续雷击灾害定级以设备风险为中心，基于工程实际，连续雷击设备风险定级如表5-6所示，连续雷击高风险设备分别为500 kV避雷器、220 kV断路器和110 kV线圈类设备（变压器和线路侧TA），连续雷击下的设备风险由连续雷击风险引起，后者与前者是一个自上而下的逻辑关系，反映了引发设备故障的顺序，即灾害的顺序。

5.6　本章小结

（1）连续雷击首次回击的雷电流幅值比单次雷击更大，后续回击雷电流幅值也略大于单次回击，较传统绝缘配合所关注的单次雷击，连续雷击的危害更大，连续雷击的危害定级具有重要的价值。

（2）连续雷击在地闪中的占比约为52%，线路雷击跳闸伴随有连续雷击的比例为75%~85%，与年份和地域相关性不大，可以继续间接地沿用地闪密度反映连续雷击地闪密度，沿用传统线路雷击跳闸率指标，反映连续雷击的危害程度，以便对不同地区变电站进行连续雷击灾害定级，且整条线路长度均有效。

（3）连续雷击灾害定级以设备风险为中心，基于工程实际，连续雷击高风险

设备分别为500 kV避雷器、220 kV断路器和110 kV线圈类设备（变压器和线路侧
TA）。

（4）基于连续雷击风险设备，采用设备类型、电压等级、地闪密度、线路雷
击跳闸率、线路长度、设备绝缘配合配置水平、变电站（及设备）和线路重要
性，以及是否发生过连续雷击相关故障或连续雷击引起设备故障率等多维度评价
思想进行综合评估，分别将设备灾害等级和连续雷击灾害等级分为低风险和高风
险两个等级，进行变电站设备连续雷击灾害定级指引，指导绝缘配合优化配置
工作。

第6章
变电站连续雷击保护配置优化

6.1 基于连续雷击风险的雷电侵入波保护配置优化的必要性

目前，国内外对变电站和发电厂进线端主要依赖避雷线和线路侧避雷器等措施实现对线路侧断路器断口的雷电侵入波过电压保护，没有考虑短时间内线路连续落雷的严苛工况下，断路器断口拉弧后，绝缘气体处于热状态，断口绝缘恢复不足引起的绝缘强度下降的问题，传统的保护配置满足不了雷电反射波对断口绝缘强度的要求，连续落雷引起的反射波可能引起断口重击穿（重燃），此时需要适当降低避雷器的残压来适应这种严酷工况下的断路器断口绝缘要求，考虑到避雷器电阻片的压比水平，这一技术路线将降低避雷器的额定电压来适应，这会加剧避雷器正常运行电压下的劣化问题；另外，线路侧避雷器本身也面临着连续雷击侵入波能量短时间重复吸收带来的快速劣化问题。

对于变电站设备而言，连续雷击造成的灾害最终要落到变电站设备上面，因此，确定基于连续雷击灾害风险的高风险设备、灾害特征及连续雷击敏感参数的连续雷击灾害定级，进而针对不同的灾害定级，提出相应的保护配置优化策略有着较强的现实意义。

从变电站设备防雷运行经验看，连续雷击灾害定级主要着眼于220 kV线路侧断路器、500 kV线路侧避雷器和110 kV线圈类设备等高风险设备，根据上述设备相应的灾害风险特征和连续雷击敏感参数（见表5-5），确定对不同设备连续雷击风险的保护配置优化策略的着眼点。

6.2 连续雷击设备风险的过电压保护优化策略

连续雷击设备灾害的保护优化策略，首先应加强高风险设备对连续雷击的耐受能力，提出设备的参数要求；在此基础上，考虑以雷击风险作为依据，连续雷击设备风险与连续雷击风险呈现自下而上的逻辑关系，即以设备为关注重点出发，按照连续雷击风险高低合理安排开展保护策略优化，如表6-1所示；此外，还应考虑连续雷击引起所评估设备的故障率、现有设备过电压保护配置水平，以及变电站（及设备）重要性，适当调高风险等级，除此之外，应兼顾经济性，取得技术经济的平衡。必要时，辅以仿真计算论证连续雷击防护优化效果。

表6-1 连续雷击设备风险的防控策略

连续雷击设备风险定级	连续雷击风险定级		保护配置优化措施和策略
	地闪密度	雷击跳闸率	
低	低	低	无
低	低	高	无
低	高	低	无
低	高	高	无
高 （500 kV线路侧避雷器）	低	低	建议安排：采用特性优异电阻片/增挂一只避雷器
	低	高	
	高	低	
	高	高	优先安排：采用特性优异电阻片/增挂两只避雷器
高 （220 kV线路侧避雷器）	低	低	建议安排：采用无间隙避雷器+控制线路避雷器与线路侧断路器或TA安装距离
	低	高	建议安排：采用无间隙避雷器+控制线路避雷器与线路侧断路器或TA安装距离+低残压避雷器
	高	低	优先安排：采用无间隙避雷器+控制线路避雷器与线路侧断路器或TA安装距离+低残压避雷器
	高	高	
高 （110 kV线圈类设备）	低	低	建议安排：采用无间隙避雷器+低残压避雷器
	低	高	
	高	低	优先安排：采用无间隙避雷器+低残压避雷器
	高	高	

基于雷电活动情况、设备重要度、历史故障情况、设备运行等情况，对连续雷击高风险区域变电站110 kV及以上架空线路雷电侵入波防护提出以下技术监督建议，供参考：

（1）加快变电站线路侧避雷器选型排查和改造工作，对仅在终端塔上安装带串联间隙线路型避雷器进行更换，更换为无间隙金属氧化物避雷器，确保连续雷击侵入波防护效果。

（2）考虑变电站周围雷电活动强度，参考GB/T 50064—2014《交流电气装置的过电压保护和绝缘配合设计规范》中强雷区的定义：平均雷暴日数超过90[地闪密度7.98次/（km²·年）]，建议优先对已发生过雷电波侵入造成断路器等设备损坏的变电站、经常处于热备用运行的线路、所在地区近3年平均地闪密度大于等于7.98次/（km²·年）的变电站、关键（重点）设备的变电站优先开展出线间隔避雷器排查和改造。

（3）线路侧避雷器应尽可能安装在变电站内，若无安装场地，可将避雷器装设在进线构架上；确实在变电站内不具备安装条件的，可考虑在进线终端塔上增设的无间隙避雷器，避雷器本体的性能参数应与变电站母线避雷器相同，并满足避雷器与断路器的电气距离不大于30 m的要求，且宜带有故障脱离装置；所有线路侧避雷器应按照规定的周期开展预防性试验。

（4）低残压避雷器是与连续雷击条件下线路侧断路器断口绝缘强度下降较好配合的解决方案，有条件可试点运行，以提高线路侧避雷器对连续雷击下线路侧断路器和变电站内变压器等线圈类设备的保护水平。

（5）110 kV及以上线路遭受高幅值雷击电流和连续雷击的回击次数多，两侧线路避雷器存在电阻片劣化风险，宜对雷电定位系统显示遭受较多连续雷击线路两侧的避雷器，加强带电测试，并结合停电进行直流泄漏试验，跟踪避雷器的状况，同时探讨通过电气试验发现避雷器吸收连续雷击能量后存在劣化隐患的可行性。

（6）500 kV线路故障跳闸至线路复电成功期间（如强送前），运行单位应通过

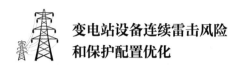

雷电定位系统及时查询跳闸线路走廊附近雷电活动情况，查看跳闸线路故障录波图，参考典型线路遭受连续雷击波形和雷电定位系统典型多次连续回击查询结果，分析判断线路是否遭受连续雷击。

（7）若综合判断500 kV线路遭受连续雷击的可能性较高，在线路强送前，运行单位应尽快利用视频监控、无人机、机器人、望远镜等远程手段开展视频监控查看、避雷器三相红外测温及横向对比、避雷器计数器动作次数和泄漏电流检查、防爆口状态检查等，若发现避雷器泄漏电流持续增加、温度持续上升、防爆口状态异常、避雷器设备状态异常等相关情况，应立即申请线路停运，待异常排查处理完毕后方可复电；必要时在做好线路可靠接地等安全措施下开展避雷器直流1 mA参考电压U_{1mA}和$0.75U_{1mA}$下泄漏电流检测，根据线路侧避雷器状态有无异常综合判定500 kV避雷器是否具备强送条件。220 kV和110 kV线路侧避雷器可参考进行。

（8）对于与发生过连续雷击下避雷器热崩溃故障的避雷器同厂家批次产品，应关注避雷器动作次数，若检查周期内动作次数过多（超过3次），或确认受连续雷击侵入波过电压影响的，应采用红外测温、带电测试等手段对避雷器进行测试，如对比历史数据有较大变化，应进行停电预试，确保避雷器状态正常。

（9）严格落实预防性试验要求，加强线路避雷器预试定检，对放电计数器年动作次数偏高（高于平均值）的避雷器，应适时安排停电检测，及时排查设备隐患并制定防范措施。

6.4 本章小结

（1）线路侧断路器在连续雷击侵入波的短时间间隔内存在断口绝缘恢复不足引起的绝缘强度下降的问题，线路侧避雷器也面临着连续雷击侵入波能量短时间重复吸收带来的快速劣化问题，此外，连续雷击侵入波也带来变电站内的线圈类设备匝间绝缘的高风险，在连续雷击灾害等级较高的地区，有必要进行保护策略优化。

（2）基于连续雷击危害的变电站设备保护优化策略，主要针对220 kV线路侧断路器、500 kV线路侧避雷器和110 kV线圈类设备等高风险设备，根据上述设备相应的灾害风险特征和连续雷击敏感参数，确定对不同设备连续雷击风险的保护配置优化策略的着眼点；必要时，辅以仿真计算论证连续雷击防护优化效果。

（3）应加快变电站线路侧避雷器选型排查和改造工作，对仅在终端塔上安装带串联间隙线路型避雷器进行更换，更换为无间隙金属氧化物避雷器；线路侧避雷器应尽可能安装在变电站内，若无安装场地，可将避雷器装设在进线构架上；确实在变电站内不具备安装条件的，可考虑在进线终端塔上增设的无间隙避雷器，并满足避雷器与断路器的电气距离不大于30 m的要求。

（4）有条件时线路侧避雷器可试点选用低残压避雷器，以提高线路侧避雷器对连续雷击下线路侧断路器和变电站内变压器等线圈类设备的保护水平。

（5）遭受较多连续雷击的110 kV及以上线路侧避雷器应加强带电测试，并结合停电进行直流泄漏试验，跟踪避雷器的状况；500 kV线路故障跳闸至强送前，应通过雷电定位系统和故障录波图等手段确认线路遭受连续雷击后，通过综合判定线路侧避雷器状态有无异常，确线路是否具备强送条件。

参考文献

[1] 林福昌. 高电压工程[M]. 3版. 北京：中国电力出版社，2016.

[2] 周泽存，沈其工，方瑜，等. 高电压技术[M]. 4版. 北京：中国电力出版社，2012.

[3] 江日洪，张兵，罗晓宇. 发、变电站防雷保护及应用实例[M]. 北京：中国电力出版社，2005.

[4] 文远芳. 高电压技术[M]. 武汉：华中科技大学出版社，2001.

[5] 崔雪东，张卫斌，顾媛，等. 基于ADTD资料的浙江地区多回击地闪特征分析[J]. 气象科技，2021，49（03）：491-497.

[6] 王学良，成勤，谷山强，等. 基于LLS的多回击地闪回击时间和回击间距的统计特征[J]. 高电压技术，2020，46（11）：3914-3924.

[7] 孙宇. 第四代雷电定位系统的应用研究[D]. 北京：华北电力大学，2017：8-44.

[8] 蔡力，胡强，彭向阳. 人工引雷至架空线路与地面雷电流峰值估算比较[J/OL]. 高电压技术：1-10（2022-10-27）. DOI：10.13336/j.1003-6520.hve.20220749.

[9] 张悦，吕伟涛，陈绿文，等. 基于人工引雷的粤港澳闪电定位系统性能评估[J]. 应用气象学报，2022，33（3）：329-340.

[10] CAI Li，LI Jin，WANG Jianguo，et al.Statistical characteristics of current and magnetic fields at close distances from triggered lightning[J].IEEE Transactions on Electromagnetic Compatibility，2020，63（03）：811-818.

[11] 陈绿文，张义军，吕伟涛，等. 闪电定位资料与人工引雷观测结果的对比分析[J]. 高电压技术，2009，35（08）：1896-1902.

[12] 李云阁. ATP-EMTP及其在电力系统中的应用 [M]. 北京：中国电力出版

社，2016.

[13] 吴文辉，曹详麟.电力系统电磁暂态计算与EMTP应用[M].北京：中国水利水电出版社，2012.

[14] H.W. Dommel. 电力系统电磁暂态计算理论[M]. 北京：水利电力出版社，1991.

[15] Neville Watson, Jos Arrillaga.电力系统电磁暂态仿真[M].陈贺，白宏，项祖涛，译.北京：中国电力出版社，2017.

[16] 施围.电力系统过电压计算[M].西安：西安交通大学出版社，1988.

[17] 柳晓.输电线路反击耐雷性能的研究[D].北京：华北电力大学，2016.

[18] 阮耀萱.高海拔地区110 kV绝缘子雷击闪络特性及闪络判据研究[D].广州：华南理工大学，2018.

[19] 邹建章，郭志锋，李阳林，等.带间隙线路避雷器雷电冲击绝缘配合特性极性效应研究[J].电瓷避雷器，2017（06）：115–120.

[20] 彭向阳，金亮，王锐，等.220 kV同塔线路雷击同跳故障分析及防治措施[J].电瓷避雷器，2018，4.